# Die Schlaflosigkeit

## und ihre Behandlung

Von

**Dr. med. Otto Dornblüth**
Nervenarzt in Wiesbaden

Leipzig
Verlag von Veit & Comp.
1912

Druck von Metzger & Wittig in Leipzig.

# Inhalt.

Erstes Kapitel.

# Der Schlaf.

Über die **Notwendigkeit des Schlafes** besteht kein Zweifel. Vielmehr ist durch die Beobachtung an Menschen und durch Versuche an Tieren sicher festgestellt, daß die Verhinderung des Schlafens schneller unerträglich wird als die Entziehung von Speise und Trank. Auch ohne daß eine besondere körperliche oder geistige Arbeit geleistet wird, tritt nach einer gewissen Zeit das Bedürfnis zum Schlafen ein; schon das Wachsein an sich ermüdet, wie man sich ausdrückt. Um so nötiger ist der Schlaf für den, der geistig oder körperlich zu arbeiten hat. Nur im Schlaf werden die Spannkräfte vollkommen wieder ersetzt, die im Wachen und durch die Arbeitsleistungen des Menschen verbraucht worden sind.

Das **Wesen des Schlafes** ist noch unbekannt, soviel sich auch die Beobachter damit beschäftigt haben. Unzureichend ist die Theorie, die den Schlaf als eine Art Vergiftung durch Ermüdungstoffe hinstellt, ihn also ähnlich deutet wie z. B. die Betäubung nach Einatmung von Chloroform. Diese Auffassung vereinigt sich nicht mit der häufigen Beobachtung, daß die Übermüdung Schlaflosigkeit bewirken kann; ein chemischer Stoff muß um so stärker wirken, je mehr davon vorhanden ist. Die Annahme ist aber auch für die zahlreichen Fälle ausgeschlossen, wo nichtermüdete Menschen nach Belieben schlafen können. Fast jeder kann das morgens bei sich feststellen: auch wenn man völlig ausgeruht erwacht ist, kann man sich durch längeres Verbleiben im Bett wieder in Schlaf bringen. Auch Menschen, die z. B. wegen eines Beinbruches, wegen einer Lähmung lange Zeit liegen müssen und in keiner Weise ermüdet werden, bringen es leicht zu Schlafleistungen, die durch die ermüdende Wirkung des Wachens allein nicht erklärt werden können. Darum soll aber nicht bestritten werden, daß die bei körperlicher und geistiger Arbeit tatsächlich und nachweislich entstehenden Ermüdungstoffe, Ermüdungsgifte, im allgemeinen das Schlafbedürfnis herbeiführen und sehr verstärken. Wie aber schließlich der Schlaf zustandekommt, worin der körperliche Vorgang besteht, der ihm zugrunde liegt, das ist durchaus unbekannt.

Sucht man die Unterschiede des Schlafes und des Wachzustandes festzustellen, so ergibt sich als Eigentümlichkeit des Schlafes eine Absperrung der Sinne gegen Reize von nicht zu großer Stärke und zweitens eine Einschränkung der geistigen Verrichtungen, einschließlich der bewußten willkürlichen Muskeltätigkeit. Sowohl die Absperrung der Sinne wie die der geistigen Tätigkeit und der bewußten Muskeltätigkeit ist in ihrem Grade von der Tiefe des Schlafes abhängig.

Im tiefsten Schlaf sind alle geistigen und alle bewußten körperlichen Verrichtungen aufgehoben. Der tief Schlafende ist bewußtlos; wenn wir diesen Zustand nicht aus der Erfahrung als etwas Normales und Wohltätiges, Unentbehrliches kennten, würden wir ihn mit Besorgnis ansehen. Tatsächlich gleichen verschiedene Zustände von krankhafter Bewußtlosigkeit, durch Gehirnkrankheiten oder durch Vergiftungen herbeigeführt, in ihren Erscheinungen durchaus dem tiefen Schlafe des Gesunden. Den Unterschied bildet in jedem Falle die Möglichkeit, den Schlafenden durch geeignete Reize zu wecken und ihn dadurch in den normalen Zustand des Wachseins zu versetzen. Der Weckreiz muß je nach der Tiefe des Schlafes verschieden stark sein. Man benutzt diese Erscheinung, um die Tiefe des Schlafes bei verschiedenen Menschen oder zu verschiedenen Zeiten bei demselben Menschen zu messen. Mehrere Gelehrte haben solche Untersuchungen mit Schallreizen, Lichtreizen, Hautreizen durchgeführt. Dabei hat sich ergeben, daß bei den meisten Menschen der Nachtschlaf in seiner ersten Stunde die größte Tiefe erreicht, in der zweiten Stunde sehr viel flacher wird und dann bis zum Erwachen mit geringen Schwankungen in dieser mäßigen Tiefe verbleibt. Man bezeichnet diese Form als Abendtypus oder Abendform des Schlafes. Bei einer zweiten Form, Morgentypus oder Morgenform, wird die größte Tiefe des Schlafes erst in der dritten oder vierten Stunde des Schlafes erreicht, und dann tritt wieder der Zeitraum flacheren Schlafes ein. Häufig vertieft sich bei beiden Formen der Schlaf gegen Morgen noch einmal.

Die Ansichten sind geteilt, ob die Abendform die eigentlich normale und die Morgenform eine nervöse Abweichung ist, oder ob beide gleichmäßig als normal zu bezeichnen sind. Bei kleinen Kindern findet sich anscheinend immer die Abendform. Ich neige persönlich der Ansicht zu, daß die Morgenform zwar keine krankhafte Erscheinung, wohl aber die Folge einer besonderen Gewöhnung ist. Das läßt sich nicht für alle Fälle bestimmt behaupten, aber jedenfalls für eine überaus große Zahl von „Morgenschläfern" nachweisen. Teils kann man durch Nachfragen feststellen, wie sich allmählich die Morgenform aus der kindlichen Abendform durch die besonderen Einwirkungen der häuslichen Gewohnheiten herausgebildet hat, teils kann man durch entsprechende Regelung an Stelle der Morgenform wieder die Abendform herstellen. Wir müssen diese Frage hier etwas genauer erörtern, weil sie für die Behandlung und oft auch für die Entstehung der Schlaflosigkeit wichtig ist.

Bei Schulkindern ist die Abendform stark vorherrschend. Sie schlafen abends bald fest ein und sind morgens verhältnismäßig leicht zu erwecken. Ausnahmen weisen fast immer darauf hin, daß irgend etwas nicht in Ordnung ist. Entweder kommt ein solches Kind zu spät ins Bett, oder es wird am baldigen Einschlafen verhindert, sei es durch Unruhe in der Umgebung, indem noch im Schlafzimmer oder nebenan gegangen oder gesprochen wird, sei es dadurch, daß mehrere Kinder zusammen sind und noch spielen oder plaudern, sei es, indem das Kind für sich noch spielt, liest oder seine Einbildungskraft wandern läßt. Dazu kann namentlich unzweckmäßiges, allzu lebhaftes Verhalten vor dem Zubettgehen führen. Sehr oft läßt die Angst vor dem Alleinsein das Kind nicht zur Ruhe kommen. Besonders schädlich ist das Zu-spät-ins-Bett-gehen, weil die Übermüdung zunächst zu einer Aufregung führt. Alle diese Einflüsse haben die gleiche Folge: Verspätung des Einschlafens oder zunächst unruhigen, flacheren Schlaf, Hinausschiebung der größten Schlaftiefe und damit Annäherung an die Morgenform. Die Kinder sind dann morgens schwer zu ermuntern, sind beim Ankleiden und beim Frühstück noch nicht ordentlich wach und zuweilen noch förmlich schlaftrunken. Nur der Zwang des Schulbeginns bringt sie aus dem Bett. Er sorgt in den meisten Fällen auch dafür, daß die Eltern den Ursachen der Erscheinung nachspüren und dem Schaden so gut wie ihnen möglich abhelfen. Oft genug wird aber der wahre Grund nicht aufgedeckt; man denkt vielmehr, daß die morgendliche Müdigkeit eine Eigenart des Kindes sei, und beklagt die Einrichtungen der Schule, die so grausame Forderungen stellt. Ich habe mehrere Fälle gesehen, wo man aus solchen Gründen Kinder den öffentlichen Schulen entzogen und dem bequemer zu regelnden Einzelunterricht zugeführt hatte. Regelmäßig besteht die Aussicht, daß man solchen Kindern, sobald der Zwang der Schulzeit aufhört, nun die Freiheit gibt, nach Belieben in den Morgen hineinzuschlafen. Damit wird nun die Gewohnheit des Morgenschlafes so befestigt, daß sie anscheinend zur Natur wird.

Beim Manne sorgt in der Mehrzahl der Fälle das Leben mit seinen Forderungen bald dafür, daß früh aufgestanden wird. Bei den jungen Mädchen der wohlhabenden Stände dagegen schließen sich an die Schuljahre gewöhnlich Jahre mit vorwiegend häuslicher Tätigkeit, die sehr oft ganz nach der Bequemlichkeit eingerichtet wird und meist ziemlich spät am Tage beginnt. Dieselben Jahre sind es, die sich allgemein durch eine große Neigung zum Lesen, zum Verschlingen der nunmehr freigegebenen Romane usw., auszeichnen, und oft geben gerade die Abendstunden im Bett die ruhigste, völlig ungestörte Gelegenheit dazu. So kommt es spät zum Schlaf; überdies werden die ersten Schlafstunden durch die nachwirkende Anregung dem tiefen Schlafe entzogen, und so wird die Morgenform des Schlafes mehr und mehr befestigt.

Eine andere Entstehung derselben Vorgänge ist bei Reiferen häufig. Viele Eltern, die tags durch den Beruf, durch die Kinder usw. in Anspruch genommen sind, haben am späten Abend die einzigen wirklich ruhigen Stunden des

Tages; sie verschieben die Stunde des Schlafengehens sehr weit, oft so weit, daß sie bei dem vorgeschriebenen Tagesbeginn noch nicht die nötige Schlafdauer gehabt haben. Hier handelt es sich also nicht um eine Morgenform, sondern um eine tatsächlich zu geringe Dauer des Schlafes. Der Nachmittagschlaf hilft aus und sorgt dafür, daß die wahre Ursache der morgendlichen Schläfrigkeit oft lange unerkannt bleibt. Oft kommt es aber auch zu einer wirklichen Morgenform, wenn nämlich die späten Abendstunden in Unruhe und Aufregung verbracht werden, wenn Meinungsverschiedenheiten, Sorgen usw. die Gemüter erregen und im ersten Schlaf nachwirken. Aus ähnlichen Gründen ist die Morgenform nicht selten bei Gelehrten, die die Ruhe der späten Abendstunden und der ersten Nachtstunden zu anstrengender Arbeit benutzen.

Man sieht, es gibt so viele Verhältnisse, die der allgemeinen Geltung der Abendform entgegenwirken, daß man aus den Ausnahmen nicht ohne weiteres auf eine Gleichberechtigung der Morgenform schließen darf. Gegen ihre natürliche Begründung sprechen ferner die häufigen Fälle, wo die ausgesprochene, durch Jahre hervortretende Neigung zum Morgenschlaf allmählich unter dem Zwange äußerer Umstände völlig beseitigt wird. Gerade bei Frauen, die nach Jahren der Untätigkeit vor ernste Lebensaufgaben gestellt werden, die der Beruf oder die Ehe fortdauernd zwingt, morgens früh aufzustehen und die Kräfte bereit zu halten, sieht man immer wieder, daß dabei mit der Zeit eine vollkommene Anpassung an die Abendform des Schlafes erreicht wird. Auch bei geistig Arbeitenden hat sehr oft eine ärztliche Regelung des Tagesplanes die Folge, daß mit dem Wegfallen der späten Abendarbeit allmählich ein zeitiges Einschlafen am Abend und eine ausgezeichnete Arbeitsfähigkeit am Morgen errungen wird.

Eine angeborene Anlage für die Morgenform des Schlafes würde sich schwerlich so leicht besiegen lassen. Aber die Gewohnheit stellt oft dem Versuche der Besserung ein unübersteigliches Hindernis entgegen.

Noch ein anderes spricht gegen die Annahme einer von vornherein bestimmten, dem Einzelnen eigentümlichen Schlafform: die Fähigkeit, sich den verschiedensten Anforderungen des Lebens mit seinem Schlaf anzupassen. Wir sehen das in der auffallendsten Weise bei Menschen, deren Beruf eine unregelmäßige Schlafzeit mit sich bringt, so bei Beamten, die etwa jede zweite oder dritte Nacht Nachtdienst haben und dann bei Tage schlafen müssen, während sie in der Zwischenzeit Tagdienst haben und nachts schlafen, oder bei solchen, die wegen Wachdienst bald die erste, bald die zweite Hälfte der Nacht schlafen müssen. Wenn sie gesund sind, namentlich wenn sie nicht an irgend einer Form der Schlaflosigkeit leiden, pflegen sie schnell tief einzuschlafen, einerlei, welche Zeit ihnen die Gelegenheit dazu gibt.

Die Dauer des Schlafes ist zunächst nach dem Lebensalter sehr verschieden. Das neugeborene Kind unterbricht seinen Schlaf nur zur Nahrungsaufnahme und wenn es durch unangenehme Empfindungen geweckt wird; erst im zweiten Vierteljahr beginnt es, zwischendurch kurze Zeiten wach zu sein und zu beobachten. Erst gegen Ende des ersten Jahres geht die Schlafdauer auf 18 Stunden zurück. Bis zum Ende des sechsten Lebensjahres schläft ein gesundes Kind nachts 12 Stunden und außerdem tags bis zu 2 Stunden. Von hier ab kann der Nachmittagsschlaf wegfallen und der Nachtschlaf allmählich auf 10 Stunden zurückgehen. Erst der voll ausgewachsene Mensch hat mit 8—9 Stunden Schlaf in 24 Stunden genug. Vom 60. Jahre ab geht die Schlaffähigkeit gewöhnlich weiter zurück, meist auf 7, 6 und noch weniger Stunden. Indessen sind die Angaben darüber oft nicht ganz zuverlässig, namentlich weil sie oft nicht berechnen, wieviel durch gelegentliches Schlummern unter Tage und am Abend hinzukommt.

Von manchen Menschen wird berichtet, daß sie jahrelang mit 3 oder 4 Stunden Schlaf ausgekommen seien und sich dabei durchaus wohl befunden hätten. Es ist anzunehmen, daß der Schlaf sich in solchen Fällen durch ganz besondere Tiefe auszeichnet, denn sonst würde in so kurzer Zeit nicht die nötige Erholung erzielt werden können. Genaue Untersuchungen darüber liegen meines Wissens nicht vor; bei einigen Personen meiner Beobachtung, die mit verhältnismäßig wenig Schlaf auskommen, war auffallend, daß sie schon wenige Minuten nach dem Einschlafen sehr fest schliefen, und daß sie während des Schlafes in seiner ganzen Dauer ungewöhnlich unempfindlich gegen Geräusche usw. waren.

Recht häufig trifft man Menschen, die behaupten, daß sie b e s o n d e r s viel Schlaf nötig hätten, länger schlafen müßten als die anderen Menschen. Meistens stellt sich bei genauerem Nachfragen heraus, daß sie diese Notwendigkeit eigentlich nur morgens empfinden und deswegen morgens nicht aus dem Bett finden können, daß sie aber nicht geneigt sind, abends früher schlafen zu gehen. Es handelt sich also weniger um das Verlangen nach längerem Schlaf, als um eine Morgenträgheit. Diese kann darin begründet sein, daß die tatsächliche Schlafdauer zu gering ist, also verhältnismäßig zu spät zur Ruhe gegangen wird, oder darin, daß der Schlaf nicht gut genug ist, um in der normalen Zeit die nötige Erquickung zu bringen. In vielen Fällen handelt es sich übrigens nicht um wirkliche Müdigkeit am Morgen, sondern um die täuschenden subjektiven, nicht wirklich begründeten Müdigkeitsgefühle der Nervösen, die auch nach ausreichendem Schlaf bestehen können.

Es gibt aber auch Menschen, die regelmäßig über 9 Stunden schlafen, manche sogar 10 Stunden und mehr. Man muß darin eine verkehrte Gewöhnung sehen, die nicht zu besserem Ausruhen, sondern zu ungesunder Erschlaffung führt. Meist ist die Folge, daß allmählich der Schlaf oberflächlicher und mehrfach unterbrochen wird, und nicht selten entwickelt sich eine erheblichere Schlafstörung daraus. So segensreich ein vermehrter Schlaf vorübergehend, z. B. nach übergroßen Anstrengungen, in der Genesung von schweren Krankheiten, sein kann, so sehr muß man davor warnen, wenn es sich um eine bloße Gewohnheit handelt. Namentlich Bleichsüchtige und Nervöse kommen verhältnismäßig oft auf diesen Weg, weil sie sich beständig matt und unausgeruht fühlen. Sie haben aber keinen Nutzen davon; ihre Krankheit wird niemals durch vermehrtes Ruhen, sondern nur durch eine angemessene Behandlung gebessert.

Besonders wichtig für die Auffassung des Schlafes und zugleich für die Behandlung seiner Störungen ist noch die bei manchen Menschen vorhandene Fähigkeit, jederzeit willkürlich einschlafen zu können, auch wenn keine Müdigkeit dazu drängt. Nur eine Minderzahl verfügt über diese Gabe. Etwas Ähnliches sehen wir in der Fähigkeit, auch im Hellen und bei lauten Geräuschen zu schlafen, die den meisten nur bei stärkerer Ermüdung eigen ist. Im allgemeinen sorgen wir vor dem Schlafen dafür, daß alle Sinnesreize nach Möglichkeit ferngehalten werden. Wir schließen die Augen und verdunkeln dazu noch den Schlafraum oder decken wenigstens etwas über die Augen, um das Licht abzuhalten; wir suchen möglichsten Schutz vor Geräuschen und verschließen nötigenfalls die Ohren durch schallhindernde Vorkehrungen; wir lösen die Kleider und suchen eine bequeme Lage, um störenden Druck von der Haut und den Gefäß- und Nervenstämmen fernzuhalten. Im Notfall jedoch können wir von einer dieser Bedingungen oder auch von allen absehen. Müdigkeit und Langeweile unterstützen dabei am besten, wie man alle Tage auf Eisenbahnfahrten sehen kann. Ist erst der Schlaf eingetreten und einigermaßen tief geworden, so schützt die ihm eigene Absperrung der Sinnesorgane — die Sinnesblockade nach Troemners Ausdruck — gegen die Weckreize, solange sie nicht allzu groß werden. Aber das Einschlafen geht doch vor sich, während Licht, Geräusche, das Gefühl der unbequemen Lage usw. noch wahrgenommen werden. Man kann daraus schließen, daß die andere Eigentümlichkeit des Schlafes, die *Beschränkung der Vorstellungstätigkeit*, sein erster und wichtigster Teil ist. Das wird auch bei den erwähnten Fällen von *willkürlichem Einschlafen* nichtermüdeter Menschen deutlich. Der Vorgang dabei ist der: sie zwingen sich durch den Willen, mit dem Denken aufzuhören, an nichts zu denken, wie man oft sagt, und damit auch nicht auf die Sinnesreize zu achten, die aus der Umgebung einwirken. Solche Absperrung ist ja nichts Seltenes; sie wird von jedem durchgeführt, der mit seinen Gedanken stark bei einer geistigen Verrichtung gefesselt ist, bei den Kindern, die in Spiel oder Lesen „vertieft" sind, bei Erwachsenen, die so „in Gedanken versunken" sind, daß sie alles um sich her vergessen, nichts Äußeres mehr wahrnehmen. Stellt man sich vor, daß bei einem derartigen „Versunkensein" das Denken aufhört, so ist der Zustand des Schlafes gegeben. Tatsächlich findet das jedesmal statt, wenn man einschläft, abgesehen von den Fällen, wo man geradezu von der Müdigkeit überwältigt wird. Die Menschen, die ihrer Zeiteinteilung folgend zu einer bestimmten Stunde ihr Bett aufsuchen, sind natürlich nicht immer so müde, daß sie sich gar nicht mehr wachhalten können und durchaus gleich einschlafen müssen. Viele haben daher die Gewohnheit, sich vorher durch beruhigende Spiele, die dem Nichtsdenken nahestehen, oder durch gleichgültigen, vielleicht langweiligen Lesestoff dem Schlaf näherzubringen. Andere verzichten auf solche Mittel, denen doch immer die Gefahr der Übermüdung innewohnt, und legen sich zur Ruhe in dem Gedanken, daß der Schlaf kommen werde. Gelingt es ihnen, sich ganz bei diesem Gedanken zu halten, so ist in der Tat der Zustand der Gedankenlosigkeit sehr nahe, namentlich wenn Dunkel und Ruhe ihn begünstigen. Jene anderen, die jederzeit willkürlich einschlafen können, haben vor ihnen die Fähigkeit voraus, auch ohne Ermüdung und ohne die Mithilfe von Schlafenszeit, Dunkelheit und Ruhe ihr Denken so weit zu beschränken, daß alsbald nur die Schlafvorstellung herrscht und gleich darauf das Denken völlig aufhört.

Bei den meisten Menschen besteht ein Hindernis für diesen Vorgang: sie können nicht jederzeit willkürlich ihr Denken auf die Schlafvorstellung beschränken. Die gleichgültigen Vorstellungen sind daran nicht schuld, denn die kann der Gesunde leicht durch den Willen zurückweisen. Nur in dem quälenden Krankheitszustand der Zwangsvorstellungen werden an sich gleichgültige Vorstellungen zum unverdrängbaren Inhalt des Denkens. Beim Gesunden erweisen sich nur gefühlsbetonte Vorstellungen so haftend. Die meisten Menschen wissen, wie hartnäckig sich Melodien im Geiste erhalten können. Es sind aber immer nur solche, die mit einer gewissen Gefühlsbetonung in die Erinnerung aufgenommen wurden, angenehme oder erregende, nicht selten auch solche, die durch Albernheit oder Mißklänge das Gefühl erregt hatten. Wer keinerlei musikalisches Gefühl hat, dem haftet auch keine Melodie. Ähnlich kann es sich mit Gesichtseindrücken verhalten. Manche Menschen sind ganz besonders dazu geneigt, diese in sich festzuhalten und sie immer wieder mit dem inneren Auge zu sehen: vorübergehend geht es den meisten einmal so, wenn sie ein glänzendes Feuerwerk, eine Feuersbrunst, prachtvolle Aufzüge und dergleichen gesehen haben. So können Gehörs- und Gesichtserinnerungen daran schuld sein, daß die Ruhe zum Einschlafen ausbleibt.

Viel häufiger sind nicht Sinneserinnerungen, sondern gefühlsbetonte Gedanken dafür verantwortlich. Vorwiegend sind es solche, die nicht zu einem rechten Abschluß gekommen waren, so daß der Geist noch daran arbeitet. Ihr Inhalt kann in der Vergangenheit liegen: Handlungen, die man bereut, die man nachträglich unterlassen oder anders gemacht haben würde, die man im Geiste hinterher anders gestaltet, oder auch Erlebnisse, die in der Erinnerung freudig erregen. Der Geist muß damit fertig werden, sie in den großen Schatz der ruhigen Erinnerungen aufnehmen, bevor er zur richtigen Schlafruhe kommt. So wird es verständlich, daß größere Ereignisse Wochen und Monate hindurch den Schlaf stören können. Man kann sie zum Glück gewöhnlich wenigstens zeitweise beiseite schieben, oder die wachsende Ermüdung bringt endlich darüber hinaus. Wohl noch öfter handelt es sich um Gedanken, deren Erfüllung in der Zukunft liegt: Entschlüsse und Handlungen für den kommenden

Tag oder für die folgende Zeit, die noch unklar sind oder deren Ausführung schwierig und aufregend ist, Ereignisse, die zu erwarten sind, seien sie mit Freude umgeben oder durch Sorge und Zweifel beschwert. Kann man sich bei den vergangenen Dingen damit trösten und beruhigen oder abfinden, daß daran nichts mehr zu ändern ist, so sind die in der Zukunft liegenden eines solchen Abschlusses noch nicht fähig, und daher ist es hier oft besonders schwer, die daran sich knüpfenden Gedanken und Gemütsbewegungen zu beschwichtigen. Sogar die Erwartung, die sich an die gewöhnlichen und gleichgültigen Vorgänge des nächsten Tages knüpft, an des kommenden Tages Last und Mühe, kann zu schwerer Beunruhigung führen.

Die Empfindlichkeit für erregende Gedanken ist bei den Menschen außerordentlich verschieden. Dem einen ist sozusagen alles schwer, auch das, was den meisten anderen unbedeutend und gleichgültig erscheint. Soweit die Empfindlichkeit über das Durchschnittsmaß hinausgeht, kennzeichnet sie die nervöse Eigenart. Die abnorme Gefühlserregbarkeit, nicht die Vielfältigkeit der körperlichen Beschwerden ist das Wesen der Nervosität. In meinem Buche: „Die Psychoneurosen, Neurasthenie, Hysterie und Psychasthenie“ (bei Veit & Comp., Leipzig 1911) habe ich das ausführlich begründet. So sind es auch ganz besonders die Nervösen, denen so oft die zum Einschlafen nötige Gedankenruhe fehlt, weil sie eben besonders gefühlsbetonte Vorstellungen haben, die sich schwer zur Ruhe bringen lassen.

Umgekehrt ist die Fähigkeit, sich auch von erregenden Gedanken durch den Willen freizumachen, dem unruhigen Heer der Vorstellungen Ruhe zu gebieten, von einer gesunden Selbstbeherrschung abhängig. Wie diese dazu befähigt, Sprache und Bewegungen in der Gewalt zu haben, unangenehme Gefühle und Schmerzen zu unterdrücken, so gibt sie die Kraft, die Gefühlsbetonung der Vorstellungen zu dämpfen und sie dadurch zu gegebener Zeit im Bewußtsein untertauchen zu lassen. Weder die lebendigen Erinnerungen, noch die Erwartung, der Zweifel, die Sorge um das Kommende sind hier so mächtig, daß sie dem Willen zur Ruhe widerstehen könnten. So geht aus dem bezwingenden Willen, störende Gedanken zu bannen und störende Sinnesreize nicht wahrzunehmen, die Fähigkeit hervor, nach Belieben auch ohne zwingende Ermüdung einzuschlafen.

Zweites Kapitel.

## Die Schlaflosigkeit.

Man versteht unter Schlaflosigkeit allgemein nicht nur ein völliges Ausbleiben des Schlafes, sondern auch die mannigfachen Abweichungen vom gesunden, gleichmäßigen und ruhigen Schlaf. Für die meisten Fälle würden Bezeichnungen wie schlechter Schlaf, Schlafstörungen usw. genauer sein.

Völliges Fehlen des Schlafes während einer oder mehreren Nächten kommt recht selten vor. Trotzdem sind die Menschen in gutem Glauben, wenn sie oft versichern, in der letzten Nacht oder in mehreren Nächten kein Auge zugetan zu haben. Dem Bewußtsein prägen sich die Stunden des qualvollen Wachens stark ein, während die zwischenlaufenden kurzen Zeiten des Schlafes unbewußt bleiben. Gute Beobachter versichern daher auch nicht selten, daß sie überzeugt sein würden, nicht geschlafen zu haben, wenn sie nicht an der Uhr gesehen hätten, daß die Stunden unvermerkt vorüber gegangen seien. Allbekannt ist ja auch die Erscheinung, daß der beim Vorlesen einnickende Zuhörer regelmäßig meint, nicht geschlafen zu haben, obwohl er gewöhnlich nur die beim Erwachen vorgelesenen Worte und die vor längerer Zeit vorgetragenen Sätze wiederholen kann. Immerhin sind durch wirkliche Beobachtung Fälle erwiesen, wo der Schlaf im Zeitraum von 3, 4, 5 Tagen völlig ausblieb.

Die Wirkung einer solchen fortgesetzten Ruhelosigkeit auf das Befinden und die Kräfte ist überaus schwer, und es bedarf dabei eines baldigen sachverständigen Eingreifens, um ernste Erkrankung zu verhindern. Man darf sich dabei nicht darauf verlassen, daß die Natur sich zur rechten Zeit selbst helfen werde. Die Übermüdung äußert sich oft in zunehmender Erregung; nur beim Gesunden bewirkt sie tiefsten Schlaf.

Bei der großen Masse der an Schlaflosigkeit Leidenden kommen ganz durchwachte Nächte nur ausnahmsweise vor, am ehesten, wenn besondere Aufregungen oder irgendwelche Schmerzen mitwirken. In der Überzahl der Fälle sind nur Teile der Nacht durch fehlenden oder mangelhaften Schlaf gestört. Man kann dabei verschiedene Formen unterscheiden, je nachdem die Störung das Einschlafen und die erste Zeit der Nachtruhe trifft oder den weiteren Verlauf.

### 1. Ausbleiben des Einschlafens.

Der Kranke hat sich zu Bett gelegt und will die Augen zum Schlafe schließen. Er fühlt sich müde und denkt einen guten Schlaf zu tun . . . aber plötzlich ist die Müdigkeit wie weggeblasen. Er fühlt zu seiner Überraschung, daß er die Ruhe verliert. Manchmal wollen die Augen nicht geschlossen bleiben; die Lider öffnen sich, wenn nicht der Wille sie zwingt. Aber auch bei gesenkten Lidern ist innen alles wach. Oft beginnt geradezu eine Gedankenjagd. Bei den einen sind es die jüngsten Erlebnisse, die nicht zur Ruhe kommen wollen, auch wenn sie noch so gleichgültig sind: die Wege, die am Tage zurückgelegt sind, werden noch einmal durchwandert; die Menschen, mit denen man gesprochen hat, ziehen wieder vorüber, die Gespräche werden wiederholt. Die Erinnerung kann erstaunlich genau sein, aber wo sie im Stich läßt, setzt das Nachdenken ein, um die unbedeutendsten Worte wieder aufzufinden, ganz gegen den Willen. Noch lebhafter wird das Gedankenspiel, wenn es sich um weniger gleichgültige Dinge handelt, wenn freudige oder unangenehme Ereignisse von neuem durchlebt werden. Dann stellt sich der Treppenwitz ein, der erfindungsreiche, schlagfertige Verstand, der hinterdrein alles besser zu machen weiß, der jede Schwierigkeit und Unklarheit spielend löst, das wirklich Gesagte matt und oft töricht erscheinen läßt. Zu dem Staunen über die bessere Fähigkeit kommt leider das Bewußtsein, daß es zu spät dafür ist, daß man sich unnötig anstrengt, weil alles in der Vergangenheit liegt. Aber das Nachdenken und Grübeln hört trotz dieser Einsicht nicht auf; es ist, als sei ein Uhrwerk aufgezogen, das nun abrollt, solange die Feder gespannt ist. Dazwischen kommen dann wieder Punkte, wo die Erinnerung versagt, wo man nicht mehr weiß, ob dies so oder so gesagt wurde, ob nicht ein Mißverständnis eingetreten ist, ob ein abgeschickter Brief vollständig und sinngemäß verfaßt war, und der quälende Wunsch, den Fehler zu verbessern. Zuweilen rettet nur der Entschluß, am anderen Tage die Sache wieder aufzunehmen; nicht selten wird noch in der Nacht gearbeitet und geschrieben, um den Gedanken zu bannen.

In anderen Fällen tauchen Erinnerungen aus ferner Vergangenheit auf, teils gleichgültiger Art, meist aber unangenehmen Inhaltes, zumal solche, die mit Selbstvorwürfen, mit Schädigungen der eigenen Person oder der ihr Nahestehenden, mit Verlusten und dergleichen zusammenhängen. Die ganze Aufregung, die ihnen zur

Zeit des Geschehens anhaftete, kann wieder wachwerden und den Schlaflosen quälen, als sei das Erlebnis eben erst durchzumachen.

Wieder andere sorgen um den kommenden Tag. Jede Aufgabe wird bergehoch. Die täglichen Pflichten erscheinen unendlich groß; man möchte gleich wieder aufstehen, um nur fertig zu werden; hätte man doch dies und jenes schon gestern geordnet! Wird man nur nicht verschlafen, werden die Kinder rechtzeitig zur Schule kommen, die Dienstboten in der Frühe ihre Arbeit tun! Wie wird man die kleinen Streitpunkte des täglichen Verkehrs, mit Verkäufern und Handwerkern erledigen, wie die Besorgungen ausführen, die nötigen Entscheidungen treffen! Welche unerwarteten Unannehmlichkeiten werden sich einstellen! Und daran knüpfen sich dann die Erwägungen, wie man dies und jenes hätte anders machen, vorsichtiger überlegen, zuverlässiger vorbereiten können. Der Kaufmann, der Fabrikant fangen an zu bereuen, daß sie dies oder jenes eingeleitet haben, der Arzt, der Anwalt fürchten, in einer Sache irgend etwas Wichtiges übersehen zu haben und deshalb unrichtig vorgegangen zu sein; die Hausfrau plagt sich mit dem Gedanken, daß ihr Kind tags zuvor schlecht ausgesehen habe, ohne daß etwas dafür geschehen sei, vielleicht sei eine schwere Krankheit im Anzuge. So können alle Sorgen des Lebens ohne Grund erwachen, und über allem liegt die Nacht, die hilflos macht und die Hände bindet! Oft wird die Qual dadurch noch größer, daß die Müdigkeit ein folgerichtiges Durchdenken der Dinge verhindert und zwischen die ernsten Gedanken gleichgültige Vorstellungskreise einschiebt. Dadurch wird es natürlich vollends unmöglich, mit den beunruhigenden Gedanken fertig zu werden.

In manchen Fällen beschränkt sich die Störung auf solche geistigen Vorgänge. Der sie begleitende Affekt kann sehr verschiedene Stärke haben: manchmal geht das Denken verhältnismäßig ruhig, im Stil einer gewöhnlichen Überlegung, vor sich, andere Male geschieht es in heller Aufregung. Dann sind natürlich auch die körperlichen Ausdruckserscheinungen des Affektes vorhanden. Wohl am häufigsten empfinden die Leidenden Herzklopfen, vom leisen wachhaltenden Pochen bis zu den stärksten Graden, wo nicht nur die Brustwand, sondern auch der ganze Körper und sogar das Bett erschüttert werden. Sehr oft sind mehr oder weniger deutliche Angstgefühle vorhanden; sie werden von den Patienten als Unruhe, Beklemmung, Druck auf der Brust usw. bezeichnet, wenn man aber den Ausdruck Angst nennt, wird er fast immer als treffend angenommen. Zuweilen wird er nur deswegen abgelehnt, weil der Patient fürchtet, sich dadurch lächerlich zu machen oder feige zu erscheinen. An Spott über die unbegründete „eingebildete Angst" hat es gewöhnlich nicht gefehlt, wenn sich der Patient darüber ausgesprochen hatte. Ein anderes häufiges Affektzeichen ist der Blutandrang zum Kopf. Manchmal besteht er nur für das Gefühl des Kranken, oft aber wird der Kopf dabei wirklich rot und heiß und die großen Arterien am Halse schlagen lebhaft. Öfters beschränkt sich die Röte auf einzelne Teile des Kopfes, z. B. auf die Ohren. Sehr oft sind subjektive Sinnesempfindungen damit verbunden: Flimmern vor den Augen, Funkensehen, Farbenerscheinungen, zuweilen schöne Farben oder Bilder, die nur durch ihre Hartnäckigkeit schließlich lästig werden, öfters auch unangenehme Personenbilder oder verzerrte Gesichtserinnerungen, ferner Ohrenklingen oder Ohrensausen, manchmal auch starke Geräusche, in anderen Fällen musikalische Klänge, Melodien und ganze Musikstücke. Viele Kranke werden durch Knacken im Schlund oder im Nacken belästigt. Auch die verschiedenen Arten des nervösen Kopfdrucks kommen vor: Eingenommenheit, Leere oder Vollsein, Gefühl das eisernen Reifens, Empfindlichkeit der Kopfhaut gegen Druck, zuweilen mit dem Gefühl, als seien die Kopfknochen weich und gäben dem Druck der Unterlage nach usw. Die Vielfältigkeit der Empfindungen ist außerordentlich groß und oft sind sie so eigenartig, daß die Kranken angeben, sie könnten das Empfundene gar nicht beschreiben.

Auch im übrigen Körper kommen die verschiedensten Äußerungen von Unruhe vor. Sehr häufig sind: Klopfen in der Magengegend, Aufstoßen, Kollern und Grimmen im Darm, Blähungen, Pulsieren in den Beinen, Zuckungen in den Muskeln, Wadenkrämpfe, ziehende Schmerzen, Jucken und Brennen in der Haut des ganzen Körpers oder einzelner Teile, allgemeiner oder auf bestimmte Gegenden beschränkter Schweiß, eiskalte Füße und Beine, Drang zur Blasenentleerung oder zum Stuhlgang, beides nicht selten ohne Erfolg, geschlechtliche Erregung und anderes mehr. Alle diese Erscheinungen verlaufen unter allgemeiner Unruhe und Aufregung und werden dadurch unerträglich; oft geben die Kranken von selbst an, daß die Beschwerden an sich nicht so schlimm seien, „bei Tage würde ich das alles ganz gut aushalten können" und dergleichen Äußerungen, aber in der Nacht regten sie so sehr auf. Oft wird die Aufregung als sehr schwächend oder geradezu als Schwäche empfunden. Namentlich auch die allgemeinen Schweiße unterhalten diese Auffassung, weil sie im Volk als Zeichen von Schwäche (bei Schwindsucht usw.) bekannt sind.

Natürlich versucht der Kranke, diese peinlichen Empfindungen, mögen sie einzeln oder in größerer Zahl vorhanden sein, auf irgend eine Art zu beseitigen. Auch ohne bestimmte Absicht wird er schon durch die allgemeine Unruhe aus dem Bett getrieben; seltener versucht er durch Lesen und andere Ablenkungen darüber hinwegzukommen. Oft kämpft er lange dagegen an, wirft und wälzt sich unruhig im Bett hin und her, aber das in Unordnung gebrachte Bett bietet auch keine große Annehmlichkeit mehr. So kommen die Leidenden dazu, im Zimmer auf und ab zu gehen, das Fenster zu öffnen — in der Beklemmung fehlt es an Luft oder die Zimmerluft erscheint zu warm —, kalte Waschungen vorzunehmen, Umschläge auf den Kopf zu machen usw. Gewöhnlich läßt dabei, unter dem Einflusse der Ablenkung, die Unruhe etwas nach, aber nicht selten fängt im Bett alles wieder an, oder die Müdigkeit ist durch die verschiedenen Maßnahmen vollends verscheucht worden. Das Gefühl von Schwäche oder die Unruhe im Leibe bringt viele dazu, etwas zu essen, manchmal unter umständlicher Bereitung warmer Getränke oder Speisen, und auch das verschafft zunächst Erleichterung. Mit der Wiederholung geht aber bei allen Mitteln gewöhnlich bald die Wirkung verloren.

In vielen Fällen treten die körperlichen Zeichen der Unruhe gegenüber den geistigen so in den Vordergrund, daß die Leidenden nur die körperlichen Störungen wahrnehmen und würdigen. Der Affekt knüpft sich dann nicht an bestimmte Gedanken, sondern besteht selbständig und äußert sich nur durch die allgemeine Unruhe und durch die mannigfachen Empfindungen und Veränderungen, die wir eben als körperlichen Ausdruck des Affektes kennen gelernt haben. Die Patienten wundern sich oft darüber, daß sie trotz völliger geistiger Ruhe und trotz zunächst vorhandener Müdigkeit nicht zum Schlaf kommen können; sie denken eben nicht, daß ein von den Gedanken losgelöster Affekt lediglich in allgemeiner Unruhe und in körperlichen Zeichen zum Vorschein kommen kann. Trotzdem kennen sie alle den Unterschied zwischen dem *einfachen Nichtschlafen* und der *schlaflosen Unruhe*. Viele erklären ganz bestimmt, sie wollten lieber die ganze Nacht schlaflos daliegen als eine Viertelstunde jene qualvolle Unruhe durchmachen.

Besonders nachteilig wirkt oft, daß in dieser Unruhe die *Sinnesempfindungen sehr lebhaft* werden. Die *Haut* fühlt jede kleine Falte im Betttuch, jede Unregelmäßigkeit im Kopfkissen, den Druck oder die Wärme der Decke usw.; alles erregt Unbehagen. Die *Augen* werden durch den geringsten Lichtschimmer im Schlafraum gereizt; manchmal wird sogar die Dunkelheit unangenehm empfunden und deshalb dauernd ein Nachtlicht gebrannt; hierbei ist der geistige Zusammenhang ohne weiteres klar, da natürlich keine Empfindung für das Dunkle besteht. Das *Gehör* wird überaus empfindlich. Die leisesten Geräusche im Zimmer werden vernommen: das Bohren des Holzwurms, das Ticken der fern vom Bett liegenden, zuweilen im Schrank untergebrachten Taschenuhr, die Spannung der Matratzenfedern usw. Auch im Hause und auf der Straße entgeht kein Geräusch der Wahrnehmung; oft wird geradezu mit fieberhafter Genauigkeit darauf geachtet und zugleich eine *ängstliche Deutung* daran geknüpft. Der Angsteffekt ist dann wieder besonders geeignet, den Schlaf fernzuhalten und die allgemeine Erregung zu steigern.

Das Einschlafen bleibt in der Mehrzahl der Fälle, wie bisher ausgeführt wurde, deshalb aus, weil entweder unruhige Gedanken oder lebhafte Gefühlserregungen, Affekte und Stimmungen mit den dazu gehörigen körperlichen Zeichen die Ruhe stören; häufig tritt eine erhebliche Steigerung der Sinnesempfindlichkeit hinzu. Es ist klar, daß auch dann noch, wenn die Gedanken und die Gefühlserregungen allmählich zur Ruhe gekommen sind und den Schlaf nicht mehr hindern würden, die übergroße Empfindlichkeit der Sinne dem Einschlafen im Wege stehen muß. Nicht selten steht aber auch die Sinnesempfindlichkeit in allererster Linie: der Betreffende geht ruhig ins Bett und fühlt sich durchaus zum Schlafen aufgelegt, wird aber durch Sinneseindrücke daran verhindert. Dem einen ist das Lager unbequem, namentlich wenn es sich von dem gewohnten irgendwie unterscheidet; manche müssen im Gegenteil häufig dies oder jenes daran verändern, um bequem zu liegen. Dem anderen ist das Zimmer zu hell oder die Luft nicht frisch genug, obwohl sie allen gerechten Anforderungen genügen mag. Er glaubt im Winter nicht mehr als zehn oder zwölf Grad Wärme im Schlafzimmer ertragen zu können, obwohl er in der heißen Jahreszeit doch bei viel höheren Graden zufrieden sein muß. Der dritte wird durch jedes Geräusch gestört. Er sucht sich mit aller Kunst dagegen zu schützen. Er verstopft sich die Ohren mit Watte oder mit den verschiedenen Gehörschutzmitteln des Handels, Antiphonen usw., er läßt sein Zimmer mit Doppeltüren und doppelten oder dreifachen Fenstern und dicken Teppichen versehen, sucht sich die ruhigsten Wohnungen aus, legt sein Schlafzimmer möglichst so, daß niemand über ihm wohnt oder daß wenigstens der Fußboden des darüberliegenden Zimmers genügend gepolstert wird. Auf Reisen sind oft die größten Verhandlungen nötig, um ein diesen Wünschen entsprechendes Zimmer zu erhalten;

reiche Leute suchen wohl die Zimmer zu beiden Seiten und über ihrem Schlafraum ebenfalls zu mieten, damit nur niemand von dort aus sie stören kann. Besonders sehen die Empfindlichen darauf, nicht in die Nähe einer Dienstbotentreppe, eines Aufzuges, einer Wasserspülung usw. zu kommen, weil von dort störende Geräusche zu erwarten sind. Bei den so Verwöhnten steigt aber gewöhnlich mit der Zeit die Empfindlichkeit so sehr, daß sie überhaupt nicht mehr zufriedenzustellen sind.

Die Empfindlichkeit gegen die Wahrnehmungen aus dem eigenen Körper ruft ebenfalls zahlreiche Schutzmaßregeln hervor. Um die Pulse in den Körperteilen nicht fühlbar zu machen, muß das Lager überaus weich sein; die linke Seitenlage wird sorglich vermieden, weil sie das Herz mehr fühlen läßt. Unruhe und Spannungen im Leibe sucht man zu verringern, indem die Abendkost sehr beschränkt und schon viele Stunden vor dem Schlafengehen eingenommen wird. Manche nehmen abends Wassereinläufe, um den Darm recht gut zu entleeren, oder trinken nichts, um die Blase nicht zu füllen. Sie vermeiden verschiedene Speisen und namentlich Kaffee, Tee und andere Getränke, um deren vermeintlich erregende Wirkung auszuschließen; nicht selten glauben sie diese noch in der Nacht zu spüren, wenn sie die Getränke morgens genossen haben. Eine zuverlässige und namentlich eine dauernde Wirkung dieser Vorsichtsmaßregeln wird jedoch wohl nie erreicht. Nur zu Anfang kann das Vertrauen zu dem angewendeten Mittel die Ruhe und damit das Einschlafen fördern.

Der Zeitraum des Wachliegens kann sehr verschieden lang sein. Manchmal erstreckt sich die Unruhe nur über Bruchteile einer Stunde; oft dehnt sie sich über

Stunden aus. Manche Leidende kommen erst gegen Morgen in Schlaf, der dann wegen der Übermüdung gewöhnlich sehr fest ist und nach dem Erwachen unangenehme Empfindungen hinterläßt. Allgemein besteht die Neigung, wenn nichts zum Aufstehen zwingt, den endlich gewonnenen Schlaf bis in den Tag hinein fortzusetzen.

## 2. Zu leichter Anfangsschlaf.

In einer großen Gruppe von Fällen tritt der Schlaf bald nach dem Aufsuchen des Lagers ein, aber er bleibt oberflächlich, oft nur ein Halbschlaf. Der Schlafende behält dabei ein gewisses Bewußtsein, weiß ungefähr, daß er schläft, aber er nimmt noch einigermaßen wahr, was um ihn herum vorgeht. Z. B. merkt er, wenn jemand das Zimmer verläßt, oder ob das Licht im Zimmer noch brennt oder ob es ausgelöscht wird, und er wartet gelegentlich mit einiger Ungeduld, ob das nicht bald geschehe. Er antwortet vielleicht auch auf einfache Fragen noch zutreffend, während er schwierigere Dinge, umständlichere Gespräche oder Dinge, die ihn nicht berühren, nicht mehr auffaßt. Dieser Halbschlaf kann nach kurzer Zeit in den tiefen Schlaf übergehen, er ist unter Umständen die beste Einleitung dafür. Nicht selten jedoch wird ein ausgesprochener Traumschlaf daraus. Falls die von der Außenwelt kommenden Sinnesreize aufhören, indem es in der Umgebung still und dunkel wird, können doch die Gedanken weiter gehen; sie spinnen die letzten Eindrücke weiter oder gehen zu assoziativ verknüpften Dingen über, oder es kommt zum Auftauchen jüngster Eindrücke, z. B. der Erlebnisse des vorhergehenden Tages oder der Gedanken, die sich mit der nächsten Zukunft beschäftigen. In anderen Fällen kommen Erinnerungen aus früherer Vergangenheit zum Vorschein, namentlich solche, die mit irgendeinem Affekt verbunden waren und dadurch besonderen Eindruck gemacht haben. Das Bewußtsein ist in diesem Halbschlaf nicht so tief geschwunden, daß es zu den unsinnigen oder von Angst erfüllten Träumen käme, die einem tieferen Grade des Schlafes angehören; eine gewisse Kritik ist noch vorhanden, die das Spiel der Gedanken und der Phantasie regelt. Stärkere Sinneseindrücke aus der Umgebung, die noch einwirken, führen in diesem Zustande gewöhnlich zum Erwachen. Geringere Sinnesreize dagegen werden oft in den Traum verwoben oder bestimmen selbst den Inhalt des Traumes. Z. B. kann der Sturm, der an den Fenstern rüttelt, eine Seefahrt vortäuschen, irgendein Klopfen die Vorstellungsreihe einer Schlacht anregen. Je nach dem Inhalt des Traumes und nach dem damit verbundenen Affekt kommt es zu unbewußten Bewegungen, zu Sprechen, Lachen, Umherwerfen im Bett, Stöhnen, Schweißausbruch usw. Beim Erwachen fehlt oft die Erinnerung an das in Gedanken durchlebte; zuweilen besteht ein unbestimmtes Gefühl überstandener Unruhe und Aufregung. Nicht selten wird die Erinnerung wieder wach, wenn jemand im Zimmer war und durch einzelne aufgefangene Äußerungen auf das Gebiet der Traumvorstellungen hinlenken kann. Wenn der Traumschlaf schließlich in tiefen Schlaf übergeht, kann dem Schlafenden hinterher jedes Gefühl davon entgehen. Ich habe wiederholt Menschen gesehen, die nach den Mitteilungen ihrer Umgebung fast nie anders schliefen oder doch regelmäßig einen großen Teil der Nacht so zubrachten, ohne daß sie selbst eine Ahnung davon hatten. Der Zustand stört dann die Schlafgenossen mehr als den Traumschläfer, aber gewöhnlich fehlt doch die rechte erquickende Wirkung des Schlafes, und so bleiben gewöhnlich auf die Dauer die ungünstigen Einwirkungen auf Tatkraft und Frische nicht aus. Häufig entsteht mit der Zeit ein ausgesprochenes Bild der Nervosität. Der Zusammenhang kann allerdings insofern schwer zu beurteilen sein, als dem gewohnheitsmäßigen Traumschlaf oft eine vorhandene Nervosität zugrunde liegt. Das ist namentlich dann wohl immer der Fall, wenn die Träume eine sehr große Lebhaftigkeit annehmen, und besonders, wenn sie zu den Handlungen des Schlafwandelns führen. Diese sind meiner Ansicht nach immer ein Zeichen einer nervösen Erkrankung. Im einzelnen Falle bedarf es der Entscheidung, ob eine einfache Nervosität vorliegt oder ob Hysterie oder Epilepsie oder Psychasthenie (psychopathische Anlage) die Erscheinungen veranlassen. Bei allen diesen Formen kommt ausgesprochenes Nachtwandeln vor. Der Schlafende verläßt hierbei sein Bett, geht im Nachtkleid oder nach unvollkommenem Ankleiden im Zimmer umher, nimmt irgendwelche zweckmäßigen oder unsinnigen Handlungen vor — schreibt, handarbeitet, spielt Klavier, singt usw. —, verläßt auch wohl das Zimmer, geht im Hause herum. Zuweilen erwacht er zufällig und ist nun erstaunt, nicht im Bett zu sein; oft kehrt er schlafend ins Bett zurück und versinkt nun in tieferen Schlaf. Die vielbesprochenen Zustände, wo Schlafwandler über Dächer und Mauern dahingehen, sind selten und jedenfalls immer das Zeichen einer ausgeprägten Neurose.

Wie schon gesagt, gehen der Halbschlaf und der Traumschlaf oft in den tiefen Schlaf über, sie können aber auch zum Erwachen führen und damit die im vorigen Teil beschriebenen Zustände von Unfähigkeit zum Einschlafen einleiten.

### 3. Vorzeitige Unterbrechung des Schlafes.

Eine große andere Gruppe von Schlafstörungen zeichnet sich dadurch aus, daß der Schlaf in regelrechter Weise eintritt, aber vorzeitig unterbrochen wird. Erreicht der Betreffende die größte Schlaftiefe bald, wie es bei der Abendform des Schlafes geschieht, und erwacht er erst nach mehreren Stunden guten Schlafes, so wird er nicht so sehr geschädigt. Sein Schlafbedürfnis kann dabei zum großen Teil gedeckt sein, und er verbringt dann die Stunden bis zum Aufstehen in einigermaßen ruhigem Zustande, mit seinen Gedanken beschäftigt, in Erinnerungen versunken oder einen Teil der Arbeit des nächsten Tages vorwegnehmend und vorbereitend. Bei der vorhandenen geistigen Ruhe kommt es zwischendurch nicht selten wenigstens zu einem Halbschlaf, wobei die Zeit schnell und unmerklich verstreicht.

Anders ist das Ergebnis schon bei der Morgenform des Schlafes, wo die richtige Tiefe erst nach mehreren Stunden eintritt. Wird der Schlaf bald darauf unterbrochen, z. B. eine Stunde nach Erreichung der Tiefe, so ist der Schlafende noch nicht ausgeruht. Anstatt einer deutlichen Erquickung ist Müdigkeit fühlbar; oft wird sie allerdings durch Erregung und Unbehagen verdeckt, um so mehr, wenn der Vorgang sich mehrere oder zahlreiche Nächte hintereinander wiederholt. In den ungünstigsten Fällen nähern sich die Erscheinungen der gleich zu besprechenden Frühstörung.

Hier handelt es sich um ein Erwachen, das schon nach kurzer Zeit eintritt, bevor auch nur der geringste Teil des nötigen Schlafes genossen war. Manche sind nach dem Zubettgehen gleich oder nach kurzem Lesen und dergleichen eingeschlafen, werden aber schon nach wenigen Minuten oder Viertelstunden durch ein Gefühl von Hinabstürzen geweckt, oder sie erwachen mit einem Ruck in der Herzgegend, mit dem Gefühl, daß das Herz still stehe oder die Atmung versage. Wieder andere werden durch einen heftigen Schmerz in irgend einem Teil des Körpers aufgeweckt, einen nervösen Schmerz von der Art der Psychalgie, ohne körperliche Grundlage, wegen der Entstehung im Schlaf von OPPENHEIM als Hypnalgie bezeichnet. Andere schlafen zunächst einige Stunden ganz fest und erwachen dann, teils mit dem Gefühl, ausgeschlafen und den Morgen erreicht zu haben, teils mit peinlichen körperlichen Empfindungen. Am häufigsten sind auch hier die vorhin bezeichneten Störungen: Zusammenschrecken, Herzstillstand oder Herzklopfen, Atembeklemmung, Schmerzen; oft besteht ein ausgeprägtes Angstgefühl. Sehr oft verrät sich die innere Unruhe in Heißhunger, Sodbrennen, Drang zur Blasen- oder Darmentleerung, oder dem Erwachen ist eine Samenergießung vorhergegangen. Auch bei Frauen kommt ein pollutionsartiger Vorgang nicht selten unter diesen Umständen vor. Durchaus nicht immer sind dabei erotische Träume vorhergegangen, die zu solchen Ausscheidungen führen, vielmehr entstehen sie oft ohne diesen natürlichen Anlaß, als einfacher Ausdruck der allgemeinen Erregung, zuweilen unter deutlichen Angstgefühlen. Das Erwachen ist gewöhnlich auch nicht, wie die Patienten meinen, durch die Ergießung bewirkt worden, sondern gleich ihr eine Folge der vorhandenen inneren Erregung. Das Angstgefühl nimmt hier besonders oft die bekannte Form des Alpdruckes an; die Beklemmung führt den Schlafenden zu der Traumempfindung, als ob ein schwerer körperlicher Druck auf ihm liege. In den Zeiten des

Aberglaubens verdichtete sich die Empfindung zu dem Gedanken der körperlichen Gegenwart des Teufels, der den Schlafenden drückte.

Das Verhalten nach dem Erwachen kann sehr verschieden sein. Oft dauert es lange, bevor die beängstigenden Gefühle einem ruhigen, klaren Wachzustande weichen. Die körperlichen Zeichen können stundenlang anhalten. Nicht selten sind sie so quälend, daß die Leidenden sich fürchten einzuschlafen, weil sie sich so vor dem krankhaften Erwachen ängstigen müssen. Daran können sich alle die Zeichen schließen, die wir vorhin als Begleitung des erschwerten Einschlafens kennen gelernt haben. So kann lange Zeit vergehen, bis es wieder zum Schlaf kommt. Dann kann dieser in ruhiger Weise bis zum Morgen dauern und die Erinnerung an das Durchlebte ziemlich verblassen machen. Seltener kommt es noch ein zweites Mal zu ähnlichen Störungen, meist in schwächerem Abglanz. Sehr oft ist der Rest des Schlafes auffallend tief, dem Erschöpfungschlaf ähnlich. Der Schlafende hat hinterher das Gefühl, einen bleiernen Schlaf getan zu haben, er kann sich noch lange nicht recht ermuntern, behält einen dumpfen, eingenommenen Kopf und nicht selten ausgesprochene Kopfschmerzen zurück.

Eine zweite Form des vorzeitigen Erwachens schließt sich an besonders lebhafte Träume an. Namentlich solche mit erschreckendem Inhalt, Verfolgungen, Lebensbedrohungen, Gefahren und Quälereien jeder Art führen schließlich zum Erwachen, zum Teil, weil der Träumende bei Verteidigung oder Flucht an das Bett oder die daneben stehenden Möbel stößt, auf den Fußboden heraustritt usw. und dabei erwacht. Jedenfalls steht diese Form der vorhin bezeichneten mit vorstellungsloser Angst und unbestimmter innerer Unruhe sehr nahe: dort der von Vorstellungen losgelöste Affekt, hier die affektbetonten Vorstellungen in mehr oder weniger logischer Verknüpfung. Die Wirkung auf das Ausruhen hängt teils davon ab, wie sehr die Aufregung den Schlafenden erschüttert hat und wie lange sie nachwirkt, teils davon, wie früh oder spät der Schlaf dadurch unterbrochen wurde. Am günstigsten ist es natürlich, wenn bei der Abendform des Schlafes die Störung erst in den Morgenstunden eintritt, nachdem das Schlafbedürfnis größtenteils gedeckt war.

Bei einer weiteren Form des vorzeitigen Erwachens fehlt sowohl vor dem Erwachen wie dabei und nachher jeder Affekt. Der Schläfer erwacht durchaus in der Weise, wie das sonst nach normaler Schlafdauer geschieht, nur zu früh. Einerlei ob der Schlaf 5—6 Stunden gedauert hat oder noch kürzere Zeit, zunächst besteht das Gefühl, lange genug geschlafen zu haben. Oft belehrt erst die noch herrschende Dunkelheit oder der Blick auf die Uhr, daß noch viel daran fehlt. Zuweilen hat der vermeintlich ausreichende Schlaf überhaupt nur eine oder zwei Stunden oder noch kürzer gedauert. Bei einem kleinen Teil der Fälle liegt die Sache wohl so, daß bei schnell erreichter und großer Schlaftiefe eine Zeit von 5—6 Stunden genügt, um das Bedürfnis wirklich zu decken. In den meisten Fällen stellt sich aber nach einigem Warten heraus, daß doch wieder Müdigkeit eintritt und weiteren Schlaf verlangt. Auch wenn die Betreffenden bald nach dem Erwachen das Bett verlassen und sich an die Arbeit machen, fühlen sie spätestens nach einigen Stunden, daß die Nachtruhe ungenügend gewesen ist. Das Gefühl beim Erwachen war also trügerisch. Man darf es wohl so kennzeichnen, daß die tatsächlich noch vorhandene Müdigkeit durch eine gewisse

Anregung oder Aufregung verdeckt war, oder daß nicht eine normale, sondern eine subjektive, eher krankhafte Munterkeit vorgelegen hat. Hierher gehören unter anderem die Fälle, wo die Gewohnheit das frühzeitige Erwachen veranlaßt. Wenn jemand regelmäßig zu einer frühen Stunde aufsteht, so erwacht er meist auch dann zu dieser Zeit, wenn er erst ungewöhnlich spät zur Ruhe gegangen war und sein Schlaf bis dahin nur 5—6 Stunden oder noch kürzer gedauert hat. Oft genügt dann allerdings die Feststellung der zu frühen Zeit, um das Wiedereinschlafen herbeizuführen.

In einer großen Anzahl von Fällen ist das Bestimmende für das vorzeitige Erwachen eine Erwartungsunruhe. Nach einer sehr verschieden langen Zeit ruhigen Schlafes verflacht sich dieser allmählich bis zum Bewußtwerden der Vorstellung: die Zeit zum Aufstehen ist da. Gewöhnlich geben das Auftreten der Morgenhelligkeit im Zimmer, das wachsende Geräusch der Straße oder des Hauses usw. den äußeren Anstoß dazu. Aber auch ganz ohne solche Einwirkungen kann pünktlich zu der gewünschten Zeit das Erwachen eintreten. Man findet nicht selten Menschen, die sich am Abend vornehmen, zu einer bestimmten, ungewöhnlich frühen Stunde aufzuwachen, dann vollkommen fest und ruhig schlafen und regelmäßig zur bestimmten Zeit zu sich kommen. Eine rechte Erklärung für die auffallende Erscheinung ist nicht bekannt; man hat mit geringer Wahrscheinlichkeit die Deutung herangezogen, daß eine unbewußte Zählung der Herzschläge ein solches Zeitbewußtsein vermittle. Vielleicht liegt die Sache in Wirklichkeit so, daß die Zeit des Erwachens in der Mehrzahl der Fälle schon in die Zeit des leichten Schlafes, nach genossener Schlaftiefe, fällt, wo das Bewußtsein allmählich erwacht und damit die

Absicht wieder lebendig wird. Oft mag auch der Zufall seine Rolle spielen: man erwacht ungefähr in der gewünschten Zeit, und es wird nicht mitgeteilt, wie oft schon vorher der Schlaf unterbrochen und die Uhr befragt wurde oder wie oft umgekehrt die Zeit verschlafen wurde. Für die große Mehrzahl der Menschen kann jedenfalls von einem solchen Zeitgefühl im Schlafe nicht die Rede sein, sondern sie werden bei dem Gedanken, gegen ihre Gewohnheit früh aufstehen zu müssen, von einer gewissen Unruhe befallen, die ihren Schlaf flacher macht und sehr oft zu vorzeitigem Erwachen führt. Oft schrecken sie schon aus dem ersten tiefen Schlaf mit der Befürchtung auf, die richtige Zeit sei schon verpaßt; sie schlafen dann wieder ein, kommen aber nicht mehr zur richtigen Ruhe, oft nur zu einem unruhigen Halbschlaf, und erwachen nach einiger Zeit abermals, immer noch lange vor dem gewünschten Zeitpunkt. Oder sie schlafen zunächst ruhig, erwachen aber eine oder zwei Stunden vor der Zeit und können dann nicht wieder einschlafen. Alle diese Formen können auch eintreten, wenn der Schlafende überzeugt ist, daß er zur rechten Zeit durch einen Wecker, durch Klopfen usw. geweckt werden wird. Häufig spiegelt ihm dann der Traum das erwartete Weckzeichen vor.

Während in den besprochenen Fällen das vorzeitige Erwachen nur bei einer bestimmten Gelegenheit eintritt, kommt es bei vielen Menschen auch unter den gewöhnlichen täglichen Verhältnissen zustande und wird dadurch zu einer peinlichen Last. Den Grund bildet wohl immer das Gefühl einer inneren Unruhe gegenüber den Ansprüchen des kommenden Tages, der Gedanke, mit den nächsten Aufgaben nicht fertig werden zu können. Besonders oft habe ich diese Form bei Hausfrauen gefunden, teils weil ihre Kräfte oder auch ihre Vorbildung nicht auf der wünschenswerten Höhe standen, teils weil die Unzuverlässigkeit ihrer Dienstboten oder die unvermeidlichen Störungen ihrer Arbeitsruhe tatsächlich die Aufgaben besonders groß machten. Der Mann ist viel mehr gewöhnt, bei seiner Arbeit Ruhe zu haben, für die Unterbrechungen der eigentlichen Arbeit Sprechstunden anzusetzen, sich bei unvermuteten Störungen mit seinem Beruf zu entschuldigen. Von der Frau wird dagegen meist verlangt, daß sie jederzeit mitten aus der Arbeit heraus dem Fernsprecher und dem Besuche zur Verfügung stehe. Dadurch kommt allgemein in die Tätigkeit der Hausfrauen eine Unordnung oder doch wenigstens eine Unsicherheit der Berechnung, die den folgenden Tag zu sehr belastet. Die Frauen kommen dabei überhaupt nicht mehr zur Ruhe, und das zeigt sich deutlich auch in der vorzeitigen Unterbrechung ihres Schlafes.

Drittes Kapitel.

## Schlaflosigkeit bei Kindern.

Im allgemeinen gleichen die Schlafstörungen des Kindesalters denen des erwachsenen Alters. Aber es gibt doch eine Reihe von Eigentümlichkeiten, die ihre besondere Besprechung notwendig machen.

**Verspätetes Einschlafen** kann einfach darauf beruhen, daß noch keine genügende Müdigkeit vorhanden ist, so wenn überhaupt eine zu lange Schlafdauer verlangt wird, wenn man die Kinder aus verkehrter Sorgfalt zu früh ins Bett bringt, wenn sie einen zu langen Nachmittagschlaf gehalten haben usw. Die Kinder gewöhnen sich dadurch, nicht gleich einzuschlafen, sondern zunächst noch ihrer Einbildungskraft die Zügel schießen zu lassen, zu spielen usw., und diese Gewohnheit setzt sich oft auch dann fort, wenn sie müde genug wären, um gleich einzuschlafen. Es leuchtet ein, daß derartige unbewachte Spielereien leicht der Ausgangspunkt für schlechte Gewohnheiten werden können.

In anderen Fällen besteht umgekehrt eine Übermüdung, die sich nach allgemeinem Gesetz in einer gewissen Erregung äußert. Das Kind hat zu lange gespielt, oder es konnte sich von der Unterhaltung mit den Älteren nicht losreißen und ist dadurch über die eigentliche Zeit hinausgekommen, ist vielleicht auch durch zu lebhaftes Spiel oder durch Vorstellungen, die die Einbildungskraft erregen, geradezu aufgeregt geworden. Dadurch kommt es um die Ruhe, die zum Einschlafen erforderlich ist.

Nicht selten will das Kind auch nicht einschlafen. Es hat nur ungern den Befehl zum Schlafengehen befolgt, es möchte lieber mit den Erwachsenen zugleich schlafengehen, möchte noch von ihnen hören und dergleichen; so hält es sich absichtlich wach. Einzelne Autoren wollen dabei vor allem eine sexuelle Grundlage erkennen: das Kind halte sich wach, stelle sich aber schlafend, um unbemerkt das Entkleiden der Erwachsenen und ihren Verkehr zu beobachten. Es ist sicher falsch, wenn man diesen Grund des willkürlich verspäteten Einschlafens verallgemeinert, aber daß er vorkommt und deshalb die größte Aufmerksamkeit verlangt, ist nicht zu bestreiten. Zuweilen ergibt sich ein verwandter Zusammenhang aus unschuldigen Äußerungen des Kindes, z. B., es möge gern der Mutter oder der Erzieherin noch spät Gutenacht sagen, weil jene dann (im Nachtkleide) weich und warm sei. Auch hier ist ein erotischer Kern nicht zu verkennen.

Sehr viel häufiger und dem Wesen des Kindes angemessener ist das Nichteinschlafenkönnen aus Angst. Daher findet sich diese Form besonders bei solchen Kindern, die allein schlafen, namentlich auch dann, wenn das Schlafzimmer weit von dem abendlichen Aufenthalt der Eltern entfernt ist, am Ende einer großen Wohnung oder in einem anderen Stockwerk. Dunkelheit und Müdigkeit begünstigen die Angst sehr, wie man fast bei jedem Kinde sehen kann; die bekannten „gruseligen" Erzählungen der Dienstboten, das Bangemachen mit Gespenstern usw. geben eine weitere Anlage dazu; Erzählungen von Unglücksfällen und dergleichen lenken die Einbildungskraft noch mächtiger dahin. Wir sehen bei

Erwachsenen jederzeit ähnliche Empfindungen, brauchen uns also bei Kindern gewiß nicht darüber zu wundern. Äußert das Kind seine Angst, so wird es in den seltensten Fällen beruhigt und getröstet, sondern meist ausgelacht oder gescholten und dadurch in neuen Affekt gebracht. Nun wird ihm jedes Knacken in den Möbeln, in der Heizung usw. zur Quelle höchster Aufregung. Erst in der Übermüdung findet es endlich den Schlaf, oft nach stundenlanger Qual, und das wiederholt sich Abend für Abend. Auch dies kann ein Grund werden, daß das Kind sich absichtlich wachhält, um erst einzuschlafen, wenn die vermeintliche Gefahr mit dem Zubettgehen der Eltern aufhört.

Der zu leichte Anfangsschlaf ist bei Kindern wohl meist auf ähnliche Verhältnisse zu beziehen, auf eine gewisse ängstliche Unruhe, die den tiefen Schlaf fernhält und bei leisen Geräuschen, bei plötzlicher Erhellung des Zimmers usw. das Erwachen herbeiführt. Der normale Schlaf des Kindes ist in den ersten Stunden immer so tief, daß die Eltern sich in demselben Zimmer zur Ruhe begeben können, ohne daß das Kind erwacht. Auch körperliche Erkrankungen pflegen daran nichts zu ändern, sobald es überhaupt zum Schlaf gekommen ist.

**Vorzeitige Unterbrechung des Schlafes** wird bei Kindern nicht selten durch Bettnässen bewirkt. Die unwillkürliche Entleerung der Blase erfolgt noch im tiefen Schlaf, zuweilen mit der begleitenden Traumvorstellung, daß das Nachtgeschirr benutzt werde, dann aber wird das Kind durch das Gefühl der nassen Unterlage wach. Gewöhnlich versinkt es jedoch gleich wieder von neuem in tiefen Schlaf. Die Bedeutung dieser Störung liegt daher mehr in dem Vorgange des Bettnässens als in der Schlafstörung. Um so stärker tritt diese bei einer anderen häufigen Erscheinung in den Vordergrund: bei dem Pavor nocturnus, der Nachtangst der Kinder. Sie ist längst als einer der größten Schrecken der Kinderstube kekannt. Nach mehrstündigem ruhigen oder leicht unruhigen Schlaf, meist gegen Mitternacht, fährt das Kind plötzlich auf; Haltung und Gebärden verraten die größte Angst, ängstliches Schreien verstärkt diesen Eindruck, und gewöhnlich verraten abgerissene Sätze den Gegenstand der Furcht — wildes Tier, Mörder, Gespenster usw. Das Kind sieht seine Umgebung mit weit aufgerissenen Augen an, erkennt sie aber nicht und wehrt ihre Annäherung meist ebenfalls mit allen Zeichen der Angst ab. Nach einigen Minuten, selten erst nach einer Viertelstunde, tritt Beruhigung ein, das Kind erkennt seine Umgebung wieder und schläft allmählich ein. Oft werden die Kinder überhaupt nicht recht wach, häufig aber kommen sie ganz zu sich und können erzählen, was sie im Traum beängstigt hat. Am anderen Morgen ist die Erinnerung fast immer verschwunden. Die Anfälle wiederholen sich meist alle 8—14 Tage, manchmal seltener, manchmal auch öfter; am häufigsten werden Kinder von 2—9 Jahren befallen. Es ist anzunehmen, daß dem Pavor nocturnus der Kinder beim Erwachsenen das Alpdrücken entspricht, als ein verkleinertes Überbleibsel.

Eine andere Störung des Kinderschlafes ist das Nachtwandeln. Das Kind erhebt sich, steigt aus dem Bett und geht mit offenen oder mit geschlossenen Augen im Zimmer umher, manchmal auch in andere Zimmer, und kehrt nach einigen Minuten von selbst ins Bett zurück, oder es erwacht auf seinem Wege. So weit können die Erscheinungen gehen, ohne daß dafür etwas anderes in Frage kommt als ein besonders lebhaftes Träumen bei nervösen Kindern. Werden dagegen besonders umständliche Handlungen vorgenommen, Schlösser und Türen aufgeschlossen, Schlüssel gesucht, theatralische Vorstellungen gegeben usw., so liegt stets eine ausgesprochene Erkrankung vor, die nicht mehr in den Rahmen der einfachen Schlaflosigkeit gehört. Dasselbe gilt für unnatürliche Bewegungen des schlafenden Kindes, wie Wackeln und Hinundherwetzen des Kopfes, starkes Zähneknirschen und dergleichen.

**Vorzeitiges Erwachen** bei Kindern — d. h. vor Beendigung einer ausreichenden Schlafzeit — ist wohl immer ein Zeichen innerer Unruhe. Besonders oft begegnet man dieser Erscheinung bei Schulkindern, die wegen des kommenden Schultages aufgeregt sind. Gewöhnlich fürchten sie, nicht rechtzeitig geweckt zu werden, und diese Angst macht sie oft schon mehrere Stunden zu früh wach. Sie suchen dann die Eltern oder die Angestellten zu ermuntern, treiben diese angstvoll zum Aufstehen und lassen sich nicht mehr im Bett halten, auch wenn überreichlich Zeit vorhanden ist. Zuweilen klagen die Kinder gleich beim Erwachen über Übelkeit, oder sie würgen und brechen ohne vorherige Klagen Schleim heraus. Dann wird nicht selten ein Magenleiden vermutet und dies oder ein Diätfehler als Ursache der Schlafstörung angesehen. Tatsächlich ist aber in solchen Fällen, wie überhaupt öfters bei Kindern, das Erbrechen nur ein Zeichen allgemeiner Aufregung. Häufiger schiebt es sich übrigens bis zu dem eilig genommenen Frühstück hinaus.

Viertes Kapitel.

## Ursachen der Schlaflosigkeit.

Die Ursachen der Schlaflosigkeit sind sehr mannigfach. Gemäß dem Wesen des Schlafes, der sich aus der Absperrung der Sinne gegen Reize und aus der Einschränkung der geistigen Verrichtungen zusammensetzt, kann man zunächst zwei große Gruppen von Ursachen aufstellen: das Ausbleiben der Sinnesabsperrung und das Ausbleiben der geistigen Ruhe. In gewisser Weise greifen beide ineinander über, aber es ist zweckmäßig, sie zunächst gesondert zu betrachten.

Die Sinnesabsperrung bleibt aus, sobald Reize von solcher Stärke einwirken, daß dadurch die Ermüdung und vor allem die individuelle Fähigkeit zum Schlafen überwunden werden.

Bei vielen Menschen ist diese Fähigkeit nicht groß. Sie brauchen zum Schlafen große äußere Ruhe, Dunkelheit, bequemes Lager, angemessene Wärme, gute Luft usw. Sobald eine dieser Bedingungen nicht erfüllt ist, können sie nicht schlafen. Ein Geräusch, ein Lichtschein, ein zu warmes oder zu kaltes Zimmer, ein zu hartes Kopfkissen, ein irgendwie unbequemes oder auch nur ungewohntes Lager, verdorbene Zimmerluft läßt sie nicht einschlafen, unterbricht ihren Schlaf. Bei geringerer Empfindlichkeit wird der Schlaf nicht verscheucht, wohl aber oberflächlicher und unruhiger, und namentlich sind die genannten und andere Sinnesreize die häufigsten Erreger von Träumen. Andere Störungen des Schlafes gehen aus dem Körper des Schlafenden hervor, zumal aus Störungen der Atmungs-, Kreislaufs- und Verdauungsorgane. Geringe Hindernisse des Luftweges in der Nase, z. B. Schwellung der Schleimhaut, abgesonderter Schleim oder Borken, namentlich aber stärkere Veränderungen, wie Nasenpolypen, gewucherte Rachenmandeln usw. verhindern häufig das Einschlafen; die Behinderung der Atmung oder auch die aus dem Nasenrachenraum herabfließende Absonderung führen häufig zum Erwachen aus dem Schlaf und im Kindesalter besonders oft zu Pavor nocturnus. Herzklopfen ist ein häufiges Hindernis für das Einschlafen; mangelhafter Blutumlauf bei ungenügender Herztätigkeit führt zu unruhigem und unterbrochenem Schlaf. Voller Magen und gefüllter Dickdarm, Gasauftreibung des Leibes, volle Blase üben ebenfalls Reize aus, die den Schlaf stören. Hautjucken, Schmerzen aller Art, Beeinträchtigung des Allgemeinbefindens durch Fieber, giftige Stoffe im Blut wie bei Infektionskrankheiten und verschiedenen chemischen Vergiftungen, übermäßige Absonderung des Schilddrüsensaftes und ebenso zu reichliches Einnehmen von Schilddrüsentabletten wirken ebenfalls schlafhindernd. Nicht klar gedeutet ist bisher die Schlaflosigkeit der Kranken mit Arterienverkalkung; wahrscheinlich wirken dabei verschiedene Umstände zusammen: Atembehinderung, Auftreibung des Leibes, Störungen des Blutumlaufes usw. Aus ähnlichen Gründen geht die häufige Schlaflosigkeit bei chronischen Ernährungstörungen hervor. Das Gemeinsame liegt bei allen bisher angeführten Ursachen in störenden Einflüssen, von dem unbestimmten Unbehagen, das als Reiz für die Empfindung wirkt, bis zu den deutlichen Sinnesreizen. Bei guter Fähigkeit zur

Sinnesabsperrung können alle diese Reizungen unwirksam bleiben; wir sehen daher oft Menschen tief schlafen, obwohl Helligkeit und Lärm in der Umgebung herrschen, das Lager höchst unbequem ist, körperliche Störungen der verschiedensten Art vorliegen usw. Man kann natürlich nicht sagen, daß solche Menschen die Störungen nicht mit den Sinnen wahrnähmen; sie verstehen es nur besonders gut, gegenüber solchen Reizen ihre Gemütsruhe zu bewahren, sich nicht dadurch anfechten zu lassen. Insofern fällt diese Gruppe von schlafstörenden Ursachen doch wieder mit der folgenden zusammen. Nur die höchsten Grade körperlicher Reizung sind allgemein mit dem Schlaf unverträglich.

Die zweite Gruppe der schlafstörenden Ursachen wirkt dadurch, daß sie die nötige geistige Ruhe verscheucht. Hierher gehören vor allem die verschiedenen Affekte (Gemütsbewegungen). Lebhafte Freude, Kummer, Erwartung, allgemeine Aufregung und namentlich die verschiedenen Formen der Angst wirken dem Schlaf entgegen. Bei empfindlichen Menschen können schon sehr geringe Grade von Unruhe das Einschlafen unmöglich machen, so z. B. die ungewohnten Eindrücke eines fremden Zimmers, eines anderen Bettes, die Gegenwart einer zweiten Person im Schlafzimmer, in anderen Fällen ungewohntes Alleinschlafen usw. Man braucht dabei durchaus nicht immer an die Furcht vor Einbrechern usw. zu denken, die namentlich dem weiblichen Geschlecht das Alleinschlafen an ungewohntem Ort unheimlich macht; viele sind beunruhigt, weil sie glauben, sie könnten im Schlaf sprechen oder sonst irgend etwas tun, was ihnen peinlich werden könnte. In durchaus einseitiger Weise führen gewisse Kreise die Schlafstörungen der vorübergehend allein schlafenden Ehefrauen auf Unbefriedigung zurück; in der übergroßen Mehrzahl der Fälle handelt es sich zweifellos um Ängstlichkeit bei dem Fehlen des gewohnten Schutzes.

Eine besonders verhängnisvolle Rolle spielt die Angst vor der Schlaflosigkeit, die sich bei häufiger Wiederkehr von Schlafstörungen oft einstellt. Sie beruht übrigens nicht immer auf eigenen trüben Erfahrungen, sondern häufig auf dem Eindrucke der immer wiederkehrenden Erzählungen von solchen, die an Schlaflosigkeit leiden. Namentlich die großen Sanatorien, wo das Gespräch über das Befinden zu den verbreitetsten Eindrücken gehört, haben in dieser Richtung vieles verschuldet, aber auch in Familien, in Gasthäusern usw. fließt diese Quelle sehr stark. Man braucht nur einmal auf die Morgenunterhaltungen der Anwesenden zu achten. Gesunde Menschen gehen achtlos daran vorüber, aber sensible, nervöse Menschen werden schließlich nicht selten zu dem Gedanken getrieben, daß es ihnen auch einmal so gehen könnte. Sie fangen an, ihr eigenes Einschlafen zu beachten, und wenn sie einmal aus irgendeinem Grunde nicht gleich dazu kommen, setzt sich auch bei ihnen die Befürchtung einer solchen Erkrankung fest. Sehr viele Nervöse haben ja die ausgesprochene Eigenart, das in sich selbst zu fühlen, was andere ihnen vorgeredet haben. Um so erklärlicher ist es, daß Menschen, die eine Zeit lang wirklich schlecht geschlafen haben, zuletzt mit einem Mißtrauen gegen ihre Schlaffähigkeit ins Bett gehen. Wenn sie dann nicht sofort einschlafen, entsteht eine Aufregung, die nun wirklich den Schlaf fernhält. Besonders ungünstig wirken bei ihnen alle die Umstände, die körperlich der Ruhe entgegenwirken. Sie sorgen daher mit übertriebener Peinlichkeit für Dunkelheit, Ruhe, bestimmte Wärmegrade, frische Luft, möglichst geringe Füllung von Magen, Darm und Blase, für Fernhaltung von Geräuschen usw. Oft geraten sie aber gerade durch diese Sorgfalt in Unruhe und Erregung und erreichen dadurch das Gegenteil ihrer Absicht. Sie gehen nicht ins Bett, bevor alles im Hause zur Ruhe gegangen ist; elektrische Klingeln, Uhren und Telephon werden womöglich abgestellt. Ist jemand von den Hausgenossen ausgegangen, so wird seine Heimkehr abgewartet. In Gasthäusern und Mietwohnungen gilt eine der ersten Fragen dem, ob neben und über dem Schlafzimmer nachts völlige Ruhe herrscht; trotz aller Versicherungen sehen sie den Ergebnissen des ersten Abends mit einer großen Spannung und Aufregung entgegen. Sie warten ab, bis die Nachbarn ihre Stiefel vor die Tür gestellt und ihre Tür verschlossen haben, aus Furcht, daß die dabei entstehenden Geräusche sie im ersten Schlaf stören könnten. Müssen sie auf die erwarteten Geräusche lange oder ganz vergebens warten, so steigert sich ihre Erregung, und oft kommt die durch jede Ermüdung entstehende Unruhe hinzu. Auch ihr eigenes Verhalten wird peinlich nach dem eingerichtet, was sie für schlafbefördernd oder schlafhindernd ansehen. Sie essen schon viele Stunden vor dem Schlafengehen die spärlichste und leichteste Abendkost, um ja keinen vollen Magen zu haben, trinken nie mehr Kaffee oder Tee, weil dadurch der Schlaf gefährdet werden könnte, genießen bestimmte Speisen wie Äpfel und anderes, weil sie im Rufe stehen, den Schlaf zu befördern, machen gymnastische Übungen und Wasseranwendungen verschiedenster Art, die ihnen irgend jemand als nützlich angepriesen hatte, und vermeiden ängstlich jede geistige Beschäftigung, um ihre Gedanken in Ruhe zu bringen. Das Gegenteil wird erreicht: die zahlreichen Versuche, den Schlaf zu befördern, halten den Geist in Unruhe und

Spannung, die zu spärliche Füllung des Magens verursacht erst recht Unbehagen, das Vermeiden einer geistigen Tätigkeit läßt die Gedanken um so unruhiger schweifen, die Gymnastik und die Wasseranwendungen bringen auch körperliche Unruhe hervor. Die Folge ist gewöhnlich, daß Schlafmittel herangezogen werden, zuerst harmlose Hausmittel, wie Baldriantee und ähnliches, danach Bromsalze, weiterhin die eigentlichen Schlafmittel. Die Wirkung jeder einzelnen Gabe wird sorgfältig verzeichnet, und ist der Schlaf einmal aus irgendeinem Grunde weniger gut, so gilt das als Beweis, daß das bisher gut wirkende Mittel jetzt versagt, daß man durch Gewöhnung dagegen abgestumpft sei. Der Markt ist sehr reich an Schlafmitteln, alle paar Monate tauchen neue auf und geben Gelegenheit zu neuen Versuchen. Schließlich hilft nichts mehr, teils weil die Mittel in unzweckmäßiger Weise, oft auch aus Ängstlichkeit in ungenügender Menge genommen werden, teils weil die Furcht vor der Schlaflosigkeit immer größer wird und eine unbezwingliche Aufregung schafft. Oft täuschen sich die Kranken über die Größe ihres Leidens, indem sie immer nur die Stunden berechnen, wo ihnen der ersehnte Schlaf fehlt, nicht aber die nachträglich noch durchschlafenen. Die meisten dieser Leidenden nutzen es gründlich aus, wenn sie in den Tag hinein schlafen können. Wenn sie um 10 Uhr ins Bett gegangen sind, schlafen sie vielleicht um 1 Uhr ein und schlafen dann bis um 9 oder 10 Uhr, stehen vielleicht auch dann noch nicht auf, sondern dämmern noch weiter. Sie haben dann ihre acht bis neun Stunden Schlaf gehabt, machen sich das aber nicht klar, sondern denken immer nur an die drei Stunden im Anfang der Nacht, wo ihnen der Schlaf gefehlt hat. Sie leiden in Wahrheit nicht an verringertem, sondern an verspätetem Schlaf, und sie kommen nicht zum Rechten, weil sie den Fehler an falscher Stelle suchen.

Der Fehler liegt also hier in einer falschen Auffassung des Leidens, und die beklagte Störung ist die Folge eines Fehlers gegen die Hygiene des Schlafes. Der Leidende verlangt etwas Unmögliches. Wenn die normale Dauer des Schlafes auf 9 Stunden angesetzt wird, so ergibt sich daraus, daß zwischen Erwachen am Morgen und Einschlafen am Abend 15 Stunden liegen müssen. Steht man also um 10 Uhr auf, so kann man nicht vor 1 Uhr das Einschlafen verlangen. Oder umgekehrt: wer um 11 Uhr abends einschlafen möchte, muß morgens um 8 Uhr mit dem Schlafen aufgehört haben. Dieser Satz ist der wichtigste Lehrsatz in der Behandlung der Schlaflosigkeit; wer ihn nicht berücksichtigt, kämpft mit menschlichen Mitteln gegen die übermächtige Natur und kann daher keinen Erfolg erwarten. Trotzdem wird diese Wahrheit noch allgemein vernachlässigt. Ich habe sie bisher in keiner der zahlreichen Abhandlungen über die Schlaflosigkeit und in keinem Lehrbuch gefunden, auch von keinem der vielen Schlaflosen gehört, die in den verschiedensten Kuren alles gegen ihr Leiden erprobt zu haben glaubten. Fast immer wird gestattet und meistens sogar ausdrücklich verordnet, daß der Leidende den einmal erreichten Schlaf so lange wie möglich ausdehne. Mit dieser falschen Maßregel wird also geradezu die Fortsetzung der Schlaflosigkeit verbürgt und das Leiden in Dauer erklärt.

Ein weiterer Fehler besteht darin, daß der Leidende glaubt, er müsse in der Kur zunächst das bisher Versäumte nachholen, also länger schlafen, als an und für sich nötig ist. Das ist unmöglich. Wer längere Zeit wirklich zu wenig Stunden geschlafen hat, ist vorerst an eine zu geringe Schlafdauer gewöhnt und kann nicht auf einmal eine übergroße Schlafdauer erringen. Nur schrittweise ist der Erfolg zu erzielen. Wer zuviel verlangt, erreicht gar nichts. Nur allmählich kann man wieder zu der richtigen Schlafdauer kommen. Bewirkt man durch reichliche Schlafmittel, daß wesentlich mehr geschlafen wird, so schädigt man immer nur die nachfolgenden Nächte und erschwert dadurch das Weglassen der Schlafmittel.

Die Erfahrung lehrt, daß bei der Mehrzahl der Menschen die schlafstörenden Einwirkungen körperlicher und geistiger Art, die wir bisher betrachtet haben, nur vorübergehend den Schlaf stören. Es muß also noch etwas Besonderes vorliegen, wenn sie eine weitere Wirkung entfalten, so daß aus der einmaligen oder gelegentlichen Störung des Schlafes eine dauernde, oft wiederkehrende Erscheinung wird. Das ist es ja, was man im allgemeinen unter Schlaflosigkeit versteht. Man hat das noch durch Zusätze wie habituelle Schlaflosigkeit oder chronische Schlaflosigkeit genauer ausgedrückt, aber auch das einfache Wort läßt kaum einen Zweifel an dem, was gemeint ist. Daß aus der gelegentlichen Schlafstörung ein gewöhnlicher Vorgang wird, deutet ohne weiteres auf eine besondere Anlage hin, die dem Betreffenden dauernd oder augenblicklich eigen ist. Geht man von dem Wesen des Schlafes aus, so kann man sagen, daß hier die Fähigkeit zur geistigen Ruhe und damit die zur Absperrung der Sinne fehlt. Beides sind Eigenschaften, die ganz besonders der Nervosität zukommen. Das Wesen der Nervosität ist krankhaft gesteigerte Affektivität[1],

[1] Genaueres in des Verfassers Buch: „Die Psychoneurosen, Neurasthenie, Hysterie, Psychasthenie". Leipzig, Veit & Comp., 1911.

erhöhte Gemütserregbarkeit. Die vermehrte Gefühlsbetonung sowohl der Sinneseindrücke wie der Vorstellungen ist schuld daran, daß beide im Geist stärker nachklingen und schwerer zur Ruhe kommen als beim gesunden Menschen. Nervosität und Schlaffähigkeit stehen daher in einem gewissen Gegensatz, die Nervosität wirkt der Fähigkeit zu ruhigem Schlaf einigermaßen entgegen. Wegen der größeren Gefühlsbetonung der Sinneseindrücke einerseits, der besonderen Neigung zu Erwartungsaufregung anderseits wirken die vorhin angeführten schlafstörenden Einflüsse bei den Nervösen viel stärker. Dazu kommt, daß bei den Nervösen eine übergroße Ängstlichkeit gegenüber den Störungen des eigenen Befindens vorhanden ist, und daß diese Sorge da, wo es sich um den Schlaf handelt, durch die Unruhe des Schlaflosen ebenso vergrößert wird wie durch die zur Tagesordnung gehörenden Unterhaltungen über dies Leiden. So wird bei dem Nervösen aus einer gelegentlichen Schlaflosigkeit leicht ein chronisches Leiden.

Aber auch Nichtnervöse können sich eine Schlaflosigkeit zuziehen, vor allem durch fortgesetzte Fehler gegen die Hygiene. Der Gesunde ist im allgemeinen rücksichtslos gegen sein eigenes Wohl; er wird erst darauf bedacht, wenn er die Folgen spüren muß. So entwöhnen sich zahllose Menschen von der natürlichen Zeit und Regel des Schlafens: sie gehen entweder immer zu spät ins Bett, oft erst viele Stunden nach Eintritt der Schlafmüdigkeit, oder sie folgen dabei überhaupt keiner Regel, nur dem augenblicklichen Willen. Die eintretende Müdigkeit wird oft gewaltsam verscheucht, sei es durch lebhafte Unterhaltung, durch aufregendes Spiel usw., sei es durch erregende Getränke, durch späten Genuß von starkem Kaffee usw. Häufig wird der dadurch wachgehaltene Geist zu schwerer nächtlicher Arbeit gebraucht, unter dem Vorwande, daß bei Tage nicht genug Zeit oder keine genügende Ruhe zur Arbeit vorhanden sei. Ist erst die Gewöhnung an die nächtliche Arbeit eingetreten, so ist die Umkehr schwer, denn dann ist der Geist am Tage müde, nachts durch die Gewohnheit dem Schlafen abgeneigt. Viele halten dann das, was sie sich durch langdauernden Mißbrauch angewöhnt haben, für ihre natürliche Anlage und weigern sich deshalb um so mehr, zu vernünftigen Grundsätzen zurückzukehren. Es ist ja keine Gewohnheit so unsinnig, daß der darin Befangene nicht zahlreiche Gründe für ihre Beibehaltung anführen könnte.

Ein anderer häufiger Grund für schlechten Schlaf ist mangelhafte Körperarbeit. Die Stubenhocker bilden deshalb einen großen Teil der schlecht Schlafenden. Der Mangel an körperlicher Ausarbeitung bringt ihnen sehr oft einen zu großen Fettansatz; auch das wirkt ungünstig, denn die Korpulenz macht an sich das Liegen unbequem, erschwert im Liegen das Atmen und den Blutumlauf und bewirkt dadurch allerlei Mißempfindungen. Noch schlimmer ist es, wenn der körperlich Untätige im Alkohol seinen Freund erblickt. Reichlicher Alkoholgenuß verschafft allerdings die „Bettschwere“, richtiger gesagt, einen schweren Betäubungschlaf, der nicht erquickt wie ein gesunder Schlaf; mit der Zeit aber erfordert diese Betäubung immer größere Mengen, und die Verringerung der Menge oder gar der zeitweilige Verzicht auf diese Gewohnheit bewirkt starke Unruhe, die zu einer besonders quälenden Form der Schlaflosigkeit führt.

Sehr verbreitet ist die Meinung, daß man recht wenig zu Abend essen müsse, um gut schlafen zu können. Im Grunde ist das ein Mißverständnis. Unsere Voreltern haben die Erfahrung gemacht, daß das Übermaß von Speise und Trank am Abend Beschwerden bringe und die Nachtruhe störe. Diese Folgen der Unmäßigkeit sind durchaus nicht zu bestreiten. Aber zwischen einem ausreichenden Abendessen und einer Unmäßigkeit ist doch noch ein sehr weiter Weg. Zunächst sind wir heute in bezug auf Essen und Trinken zwar viel verwöhnter, aber zugleich viel mäßiger geworden; die noch vor wenigen Jahrzehnten in der Geselligkeit häufige Überladung des Magens gehört heute, wenigstens in den gebildeten Kreisen, zu den größten Ausnahmen. Zudem sind unsere Speisen viel besser, viel leichter verdaulich geworden. Die überall eingeführten Kühlhallen erlauben uns, das Fleisch zart werden zu lassen, ohne daß es verdirbt; die Gemüse werden durch sorgfältigeren Anbau viel zarter; die Kocheinrichtungen sind besser geworden; Milch, Rahm, Butter werden in viel reinerer Beschaffenheit gewonnen usw.; wir geben auch viel mehr Geld für unsere Kost aus, als man früher für möglich gehalten hätte. Die Folge ist, daß heute viele Menschen eher an zu geringer Füllung ihrer Verdauungsorgane leiden als an Überfüllung, und das gilt auch besonders für unser Abendessen, das in Deutschland ja nur ausnahmsweise die Hauptmahlzeit darstellt. Ich kann aus einer ausgedehnten Praxis versichern, daß ich nur höchst selten Patienten getroffen habe, die ihren Schlaf durch zu reichliche Abendmahlzeiten geschädigt hatten — vom Alkoholmißbrauch hier abgesehen —, aber sehr viele, die unter zu großer Beschränkung des Nachtessens litten. Man darf annehmen, daß ein vorsichtig ausgewähltes Abendessen, wie es die meisten Schlafängstlichen für gut halten, nach 4 Stunden aus dem Magen in den Darm übergegangen ist. Die Folge davon ist, daß die Betreffenden häufig ein Gefühl von Leere im Magen bis zu ausgesprochenem Hunger empfinden und sich davon durch neue Nahrungsaufnahme zu befreien suchen. In den meisten Fällen halten sie sich dazu Kakes, Schokolade und dergleichen auf dem Nachttisch bereit, manche nehmen aber auch eine umständlichere Mahlzeit zu sich, die sie je nach den Verhältnissen selbst bereiten oder zurichten lassen. Es liegt auf der Hand, daß ein solches Verfahren unzweckmäßig ist: zu wenig zu Abend essen und dann den Schlaf unterbrechen, um wiederum zu essen. Es ist aber auch ein wirklicher Schaden damit verbunden: hat man erst einigemal nachts gegessen, so ist damit eine Gewohnheit eingetreten, die nun schon von selbst, auch nach einer reichlichen Abendmahlzeit, das Erwachen und das Verlangen nach Nahrung herbeiführt. Die Angst vor einer reichlicheren Abendkost ist oft so groß, daß man die Leidenden nur mit Mühe bewegen kann, eine normale Menge zu sich zu nehmen, aber der Erfolg ist regelmäßig ausgezeichnet. Bei starkem Widerstreben habe ich zunächst die Verordnung oft so getroffen, daß z. B. um $7^1/_2$ oder 8 Uhr ein mäßig reichliches Abendessen eingenommen und um 10 Uhr im Bett noch ein Glas Milch, ein Viertelliter Milchkakao oder ein Butterbrot verzehrt wurde. Die Patienten sind dann weniger ängstlich und können sich in Ruhe überzeugen, daß dies Verfahren ihnen gut bekommt.

Eine besondere Gefahr erblicken viele in abendlichem Fleischgenuß. Diese Meinung gehört zu den vielen Auflagen, die ohne wirkliche Begründung aufgestellt worden sind und schließlich auch von Ärzten wiederholt werden. Die Theorie stützt sich auf die Annahme, daß bestimmte Stoffe des Fleisches erregend wirkten. Wenn das der Fall wäre, so müßte man eher den Fleischgenuß am Mittag verbieten, denn bei richtiger Berechnung der Zeiten der Verdauung stellt sich heraus, daß das beim Mittagessen aufgenommene Fleisch erst kurz vor dem Nachtessen aus dem Magen in den Dünndarm übergeht und erst einige Stunden später in das Blut aufgenommen wird. Aber auch die Praxis widerspricht durchaus jener Annahme. Es läßt sich in keiner Weise behaupten, daß allgemein Menschen, die abends Fleisch genießen, nachts schlechter schlafen als andere; auch in England, wo die Hauptmahlzeit mit reichlichem Fleischgenuß abends liegt, ist davon nichts bekannt. Aber auch direkte Versuche mit reichlichen Fleischgerichten am Abend bei Menschen, die an Schlaflosigkeit litten, haben mir keinerlei ungünstige Wirkung ergeben. Die schädlichen Wirkungen eines übermäßigen Fleischgenusses sollen nicht bestritten werden, wenn man sie auch gegenwärtig wohl etwas überschätzt, aber daß sie zur Schlaflosigkeit besondere Beziehung hätten, ist eine durchaus unerweisliche Behauptung. Der Vegetarismus an sich ist sicher kein Mittel gegen schlechten Schlaf.

Das vorzeitige Erwachen wird von vielen Menschen auf das Drängen der vollen Blase zurückgeführt. Sie schließen das daraus, daß mit dem Erwachen gewöhnlich das Bedürfnis zur Harnentleerung eintritt. Das ist aber kein Beweis. Dies Bedürfnis stellt sich nämlich auch bei solchen ein, die durch äußere Störungen geweckt werden und ohne das ruhig weiter geschlafen hätten. Eine allmähliche Ansammlung des Harns in der Blase während der Nacht ist durchaus normal; ein Drang zur Entleerung, der den Schlaf unterbrechen müßte, kann nur da angenommen werden, wo die Füllung der Blase tatsächlich dem Fassungsvermögen entspricht. Veranlaßt man aber die an unterbrochenen Schlaf Leidenden zu genauerer Beobachtung, so zeigt sich fast immer, daß nur kleine Harnmengen entleert werden, die an sich keinen Drang hervorrufen würden. Große Mengen finden sich, abgesehen von bestimmten krankhaften Harnvermehrungen, nur dann, wenn die Betreffenden entweder vor der Nachtruhe übermäßig viel Flüssigkeit aufgenommen hatten, oder wenn sie es versäumt hatten, die Blase vorher ordentlich zu entleeren. Bei den geringen Mengen, die sich normalerweise ansammeln, stellt der Drang zur Entleerung nur eine Gewohnheit dar. Ich veranlasse daher solche Patienten, die beim Erwachen gewöhnlich nur geringe Harnmengen entleeren, den Drang zu unterdrücken. Dabei zeigt sich gewöhnlich sehr bald, daß das anfangs oft zahlreiche Male in der Nacht auftretende Bedürfnis verschwindet. Das ist um so wichtiger, weil die nächtliche Blasenentleerung nach dem schon erwähnten Gesetz bald zur Gewohnheit wird und diese Gewohnheit dann zur Unterbrechung des Schlafes führt.

Ähnlich steht es mit der von manchen Schlaflosen angeschuldigten Füllung des Darmes. Die Ärzte haben immer betont, daß eine regelmäßige Darmentleerung durchaus wünschenswert sei und daß eine dauernde Verzögerung der Entleerungen als krankhaft betrachtet und beseitigt werden müsse. Daraus ist vielfach der Schluß gezogen worden, daß jede Verzögerung der Darmentleerung bestimmte Beschwerden hervorbringen müsse, und es gibt tatsächlich kaum eine Störung des Befindens, die man nicht der Verstopfung zur Last gelegt hätte. Man braucht nur das Verzeichnis von Krankheiten anzusehen, die angeblich durch den Gebrauch von Reklameabführmitteln gehoben werden können. Viele Menschen sind in dieser

Beziehung sehr suggestibel; sie übersehen die gröbsten Fehler gegen die Gesundheitspflege, solange sie in ihrer Darmträgheit eine Erklärung für die Störungen zu finden glauben. Die Schlaflosen bilden dabei keine Ausnahme. Bei vielen von ihnen gehört es daher zu den gewohnten Mitteln, abends durch Klistiere eine Entleerung herbeizuführen, auch wenn sie am Tage hinreichenden Stuhlgang gehabt hatten. Sie fühlen sich dadurch beruhigt, obwohl ein wirklicher Nutzen fast niemals ersichtlich ist. Leider versäumen sie darüber gewöhnlich, die wirklichen Fehler zu bekämpfen, die an ihrem schlechten Schlaf schuld sind. Der Mensch glaubt immer das am liebsten, was sich mit seiner eigenen Bequemlichkeit am besten vereinigt und keine besonderen Opfer an Gewohnheiten und dergleichen von ihm verlangt.

Die **Ursachen der Schlafstörungen bei Kindern** sind im ganzen einfacher und leichter zu erkennen. Die Mannigfaltigkeit der möglichen Fehler gegen die Gesundheit ist hier nicht so groß wie bei dem freieren Leben der Erwachsenen, und vor allem besteht hier auch nicht so sehr die Möglichkeit oder der Wunsch, Fehler zu verhüllen. In den ersten Lebensjahren führen vor allem die groben Verstöße gegen die Hygiene des Säuglingsalters zu unruhigem und unterbrochenem Schlaf: Überfütterung einerseits, ungenügende oder verdorbene Nahrung anderseits, ferner verdorbene oder zu warme Luft im Zimmer, zu warme Bäder oder gewaltsame Abhärtung durch kaltes Wasser, kalte Luft und ungenügende Bekleidung, Aufregung durch strenge Erziehungsversuche, stürmische Liebkosungen und dergleichen. Alle diese Einwirkungen rufen bei dem kleinen Kinde eine allgemeine Unruhe und ein Unbehagen hervor, die sich zunächst durch Neigung zu Schreien und unruhigem Schlaf, bald auch durch längere Unterbrechungen des Schlafes kundgeben. Vorübergehend stören hier wie in den Spiel- und Anfangsschuljahren die körperlichen Erkrankungen den Schlaf: allgemeine Krämpfe, Stimmritzenkrampf, Rachitis, Pseudokrupp und Infektionskrankheiten. Dauernde Störungen finden sich namentlich bei krankhafter Behinderung der Nasenatmung, zumal durch Wucherungen der Rachenmandel, sowie bei ausgesprochener Nervosität. Diese fällt in den Kinderjahren vielfach mit den eben angegebenen körperlichen Einwirkungen zusammen, wird aber außerdem auch durch psychische Schädigungen begünstigt oder hervorgerufen. Hierher gehören teils die ungünstigen Einflüsse der Dienstboten, die das Kind durch Drohungen mit dem Schwarzen Mann, dem Schornsteinfeger usw. zum Gehorsam zu bringen suchen oder ihm aus Neigung zum Abenteuerlichen alles mögliche Ungeeignete erzählen, teils Fehler der Eltern: einerseits zu große Strenge, namentlich dauernd unfreundliche Behandlung eigenartiger, schwer erziehbarer Kinder, anderseits ungesunde Verzärtelung, übles Beispiel der fehlenden Beherrschung von Affekten, Krankheitsgefühlen, Befürchtungen usw. Dabei kann das Kind natürlich kein gesundes Gemütsleben erlangen, vielmehr muß es selbst der Spielball seiner Affekte werden. Sehr ungünstig wirkt ferner die übermäßige Entwicklung des Phantasielebens, das Wachträumen und ähnliche Eigentümlichkeiten, namentlich aber auch die vorzeitige Erregung der Sexualität, wovon schon S. 40 die Rede gewesen ist. Alles, was von solchen Gemütserregungen in dem Kinde widerhallt, ist besonders geeignet, in der einsamen Zeit vor dem Einschlafen lebhaft zu werden und teils durch Angst, teils durch phantastische Erregung den Schlaf fernzuhalten. Endlich müssen wir auch der vielbesprochenen Schulüberbürdung gedenken. Wir sehen sie weniger in der tatsächlichen Überlastung mit Lernstoff, als in der bisher wenigstens in den höheren Schulen vorhandenen Erfüllung des ganzen Tages mit Schul- und Arbeitstunden, die den Schüler nie aus dem Gefühl der Tretmühle herauskommen läßt. Die Einführung der Kurzstunden und die dadurch ermöglichte Freihaltung des Nachmittags für Körperübung und Erholung wird sich hier sehr segensreich erweisen. Mit der größeren Frische des besser ausgeruhten Kindes wird auch ein großer Teil der Unlust und des dadurch bedingten gemütschädigenden Zwanges aus der Schule verschwinden.

---

Fünftes Kapitel.

# Behandlung der Schlaflosigkeit.

Die Behandlung der Schlaflosigkeit ist von den besten Aussichten, wenn es gelingt, den Leidenden zu einer wirklichen Hygiene des täglichen Lebens zu bringen. Wo dagegen die Fürsorge für den Schlaf erst in den späten Abendstunden anfängt, ist ein wirklicher Erfolg ausgeschlossen.

Das erste Erfordernis ist die richtige Festsetzung der Schlafdauer. Zu lange Dauer des Schlafes schädigt regelmäßig binnen kurzem die Tiefe und damit die Gleichmäßigkeit des Schlafes.

Für den Säugling beträgt die normale Schlafdauer anfangs 20 Stunden und mehr, am Ende des ersten Lebensjahres etwa 16 Stunden am Tage. In den Spieljahren sinkt die Dauer allmählich auf 12 Stunden, in den ersten Schuljahren auf 11, um die Entwicklungszeit auf 9 Stunden. Erwachsene brauchen 8—9 Stunden. Bis zum vollendeten 6. Lebensjahr ist ein 1—2stündiger Schlaf um die Mitte des Tages zweckmäßig; von da ab ist er mindestens überflüssig, und erst in vorgeschritteneren Jahren sollte nie mehr als eine höchstens 1stündige Mittagsruhe, am besten ohne Schlaf, durchgeführt werden. Früher Tagesbeginn und starke Arbeitsanstrengung einerseits oder zarte Gesundheit anderseits können allerdings eine Ausnahme, den Mittagschlaf bis zu einer Stunde, rechtfertigen. Es kann dabei vorteilhaft sein, den Schlaf vor dem Mittagessen anzusetzen, namentlich da, wo erfahrungsgemäß der Nachmittagschlaf schwer und unbefriedigend ist, oder wo die Erschöpfung durch die Vormittagsarbeit das Mittagessen beeinträchtigt.

Für das Schulkind ergibt sich daraus in den ersten Jahren die Regel, daß es um 9 Uhr zum Einschlafen bereit sein muß, wenn es morgens um 8 Uhr geweckt werden soll, oder um 8 Uhr Schlafbeginn, wenn es um 7 Uhr morgens aufstehen muß. Etwa vom 12. oder 13. Jahre ab wird die Zeit des Zubettgehens um eine Stunde hinausgeschoben. Es hat also keinen Sinn, das Schulkind womöglich um 7 Uhr ins Bett zu schicken, in dem Gedanken, damit seiner Gesundheit einen Nutzen zu erweisen, denn es würde dann schon um 6 Uhr ausgeschlafen haben.

Auch beim Erwachsenen muß sich die Zeit des Zubettgehens nach der Stunde des Aufstehens richten. Wer morgens um 7 Uhr aufstehen muß, soll um 11 Uhr zum Einschlafen fertig sein, wenn ihm 8 Stunden Schlaf genügen. Das wird für die meisten Fälle ausreichen, namentlich wenn noch ein Nachmittagschlaf hinzukommt. Braucht er mehr Schlaf, so muß er eben früher zur Ruhe gehen. Wer um 8 Uhr aufsteht, braucht erst um 12 Uhr im Bett zu sein usw. Diese Regeln muß man bei der Behandlung eines Schlaflosen bestimmt vorschreiben und sich nicht etwa durch die Behauptung irre machen lassen, der Betreffende brauche eben besonders viel Schlaf, habe sehr viel nachzuholen und dergleichen mehr. Das sind die gewöhnlichen Ausflüchte derer, die sich morgens nicht aus dem Bett finden können. Gerade bei langdauernder und schwerer Schlaflosigkeit habe ich es bewährt gefunden, daß man von vornherein höchstens 8 Stunden nächtliche Bettruhe erlaubt, dazu vielleicht eine halbe oder ganze Stunde

Nachmittagschlaf. Dabei wird am ehesten eine gute Beschaffenheit des Schlafes wieder erreicht. Zugleich muß aber die Stunde des Aufstehens und die ihr entsprechende des Imbetteliegens genau vorgeschrieben werden, weil bei strenger Pünktlichkeit der günstige Einfluß der Gewohnheit hinzukommt, um die krankhafte Regel zu durchbrechen. Man kann die Bedeutung einer peinlichen Genauigkeit in diesen Dingen gar nicht hoch genug einschätzen. So sehr die Kranken von der Schwere ihres Leidens durchdrungen sind, kann man sie oft doch nur mit großer Mühe dahin bringen, die Kur im einzelnen streng durchzuführen.

Unumgänglich ist auch, daß der Leidende morgens zur festgesetzten Zeit sogleich das Bett verläßt, einerlei ob er seinem Gefühl nach genug geschlafen hat oder nicht. Ich halte diesen Punkt für den wichtigsten in jeder Kur der Schlaflosigkeit. Man kann ohne diese Achtsamkeit nie darauf rechnen, daß sich abends die Schläfrigkeit zur gewünschten Zeit einstelle. Der Mißerfolg zahlreicher Kuren gründet sich tatsächlich auf die Schwierigkeit, Erwachsene in dieser Hinsicht genügend zu beeinflussen. Darin besteht wesentlich der Wert von Wasserbehandlungen und dergleichen, womit man den Kranken zu bestimmter Stunde ohne Verzug aus dem Bett treibt; man erreicht dasselbe, wenn er nach ausreichender Zeit sorgfältig angezogen beim gemeinsamen Frühstück erscheinen oder zum Spaziergang oder Sport antreten muß. Mehrfach haben mir Schlaflose berichtet: „Ich habe nie besser geschlafen als in Karlsbad“, ohne zu wissen, daß die vorgeschriebene und pünktlich eingehaltene Brunnenstunde daran schuld war. Ich lege auch Wert darauf, die Zeit des Ankleidens nicht zu lang zu bemessen, um eine flotte Betätigung dabei zu erreichen; bei Herren eine halbe, bei Damen eine dreiviertel Stunde ist im allgemeinen ausreichend. Besteht man nicht auf derartigen Festsetzungen, so erlebt man oft, daß die Morgentoilette noch gewissermaßen im Halbschlaf vorgenommen wird. Das zu verhüten, sind auch wieder gewisse Wasserbehandlungen wertvoll, namentlich die nasse Abreibung oder die nasse Abklatschung oder ein Brausebad, weil der Kältereiz die Schläfrigkeit vertreibt.

Auch bei Kindern sollte man von vornherein darauf achten, daß sie zu bestimmter Stunde aufstehen. Mag man Schulkindern immerhin insofern nachgeben, als man sie Sonntags länger schlafen läßt, vorausgesetzt, daß sie wirklich länger schlafen, die Regel soll stets sein, daß pünktlich geweckt und dann sofort aufgestanden wird. Längere Zeit wach im Bett zu liegen, ist aus verschiedenen Gründen bedenklich. Abgesehen von der Gefahr erotischer Erregungen, die das Müßigliegen im Bett nahebringt, begünstigt es die willenlose Hingabe an Träumerei und Trägheit, zwei sehr üble Dinge. Zu frühes Erwachen, vor der bestimmten Zeit des Aufstehens, kommt bei Kindern eigentlich nur vor, wenn sie allzu früh ins Bett gebracht werden; es läßt sich also durch richtige Einteilung beseitigen. Nicht selten hört man die Klage, dieser oder jener vertrüge es nicht, nach dem Wecken sich gleich zu ermuntern, und müsse erst ganz allmählich zu sich kommen. Es handelt sich dabei einfach um eine schlechte Gewohnheit, die man nicht unterstützen, sondern beseitigen muß. Auch dann, wenn die Morgenmüdigkeit durch ungenügenden Schlaf hervorgerufen wird, kann eine wirkliche Hilfe nur geleistet werden, indem man zu pünktlichem Aufstehen veranlaßt und dadurch und durch andere Mittel für die nächsten Nächte ausreichenden Schlaf zu verschaffen sucht. Tritt trotz ausreichend erscheinenden Schlafes häufiger eine starke Morgenmüdigkeit bei Kindern auf, so liegt zweifellos ein krankhafter Zustand vor, der der ärztlichen Untersuchung bedarf. So kann sich Epilepsie in der Form nächtlicher Angstträume oder erweckender Angstanfälle (z. B. unter dem Bilde des Pavor nocturnus) zeigen und auffallende Morgenmüdigkeit, bis zu Benommenheit, hinterlassen.

Wie das Verhalten der an schlechtem Schlaf Leidenden am Tage geregelt werden soll, das hängt vielfach von allgemeinen Verhältnissen, vom Kräftezustand, von der Art der Tätigkeit oder der Lebensverhältnisse ab. Handelt es sich um annähernd gesunde Menschen, so ist der Tageslauf nach den Lehren der allgemeinen Gesundheitspflege einzurichten. Eine besondere Lebensweise, die sich für Schlaflose eignet, gibt es nicht. Besonders muß davor gewarnt werden, besseren Schlaf durch starke körperliche Ermüdung herbeiführen zu wollen. Dieser Versuch wird so oft gemacht, daß jeder Arzt, der sich mit dieser Frage beschäftigt hat, über eine große Zahl von abschreckenden Beispielen verfügt. Anstrengende Spaziergänge, Sportübungen usw., die bis zur Erschöpfung getrieben werden, rufen um so mehr eine Erregung hervor, je mehr sie in die späteren Tagesstunden gelegt werden. Dasselbe gilt von starken geistigen Anstrengungen. Nicht selten versuchen die Leidenden selbst, sich durch Willensanspannung bis in die Nacht hinein zu beschäftigen und erst in übermüdetem Zustande das Bett aufzusuchen; der ersehnte Erfolg bleibt sicher aus. Mit Gewalt ist hier nie etwas zu erreichen. Ein möglichst normales Tagesleben ist die beste Grundlage für eine ruhige Nacht. Neben einer angemessenen geistigen Tätigkeit ist es für die meisten Fälle das richtige, etwa zweimal täglich eine Stunde oder einmal täglich zwei Stunden dem Spazierengehen oder dem Sport zu widmen. Dabei sind die Abendstunden, etwa von 6 Uhr ab, von größeren Anstrengungen des Körpers und des Geistes freizuhalten und in Gemütsruhe zu verbringen. Die äußerste Grenze für eine anstrengende oder besonders anregende Beschäftigung sollte aber in jedem Falle die Zeit des Abendessens sein.

Die Zeit des Abendessens soll nicht zu früh angesetzt werden. Einerseits ist es, wie schon besprochen, nicht zweckmäßig, die letzte Mahlzeit so früh einzunehmen, daß schon nach einigen Stunden der Nachtruhe der Magen völlig leer wird; andererseits verlängert ein zu frühes Nachtessen die Zeit nach dem Abendbrot so sehr, daß man entweder zu einer anregenden Beschäftigung gedrängt wird oder schon während des beruhigenden und erholenden Zeitvertreibes müde und schlaff wird und damit das Schlafbedürfnis vorwegnimmt und zersplittert. Muß das Kind um 8 Uhr im Bett sein, so läßt man es um 7 Uhr sein Nachtmahl nehmen — am besten eine nahrhafte Milchsuppe und dergleichen und ein Butterbrot, etwa mit Honig oder Kompott. Für die Erwachsenen ist allgemein die beste Zeit um $7^1/_2$ oder 8 Uhr, auch wenn abends eine reichlichere Mahlzeit eingenommen wird. Ist sie nicht überreich, so ist durchaus keine Schädigung der Nachtruhe zu befürchten. Es ist dann auch einerlei, ob warm oder kalt gespeist wird, und ich habe nie einen Nachteil davon gesehen, wenn Erwachsene zum Nachtessen ein viertel Pfund Fleisch mit dem nötigen Zubehör verzehrten, vorausgesetzt, daß sie nicht mehr als etwa ein halbes Pfund Fleisch insgesamt am Tage zu sich nahmen; das dürfte als obere Grenze des zuträglichen Fleischgenusses anzusehen sein. Daß Vegetarier im ganzen besser schliefen als Menschen mit vernünftig beschränktem Fleischgenuß, entspricht durchaus nicht der Erfahrung. Auch kann man nicht sagen, daß irgendwelche besonderen Speisen dem Schlaf förderlich wären. So oft das vom rohen Obst behauptet worden ist, so wenig stimmt das mit der wirklichen Erfahrung überein. Rohes Obst ruft bei vielen Menschen eine Neigung zu vermehrten Magen- und Darmblähungen hervor und kann dadurch sogar sehr störend wirken.

Einer besonderen Besprechung bedarf die Frage des *Abendgetränkes*. Unbedenklich sind mäßige Mengen von Wasser, Limonaden, Milch und dergleichen. Kaffee am Abend wirkt — sobald es sich um stärkeren Kaffee handelt — dem Schlaf geradezu entgegen; viele Menschen haben auch von Tee ähnliche Wirkungen und müssen ihn daher abends meiden. Daß dieselben Getränke, am Nachmittag genossen, den Schlaf der Nacht behinderten, muß bezweifelt werden; die dahin lautenden Angaben beruhen meist auf irrigen Beobachtungen und falschen Deutungen, woran die Mitteilungen der Schlaflosen überhaupt sehr reich sind. Bezeichnend ist, daß der eine das für schädlich hält, was dem anderen vermeintlich besonders gut hilft. Der Laie tut jedenfalls gut, sich dabei an die *allgemeinen* Erfahrungen zu halten und sich nicht unnötig eines harmlosen Genusses zu berauben.

Die *Alkoholgetränke* erfreuen sich eines großen Rufes als Schlafmittel. Sehr mit Unrecht. In *mäßiger Menge* genossen sind sie ohne Einfluß auf den Schlaf, vielleicht von der Einbildungswirkung abgesehen — dann erreicht man dasselbe, wenn man unvermerkt ein alkoholfreies Getränk von ähnlichem Geschmack an die Stelle setzt, z. B. ein alkoholfreies Bier. In *größerer Menge* entfaltet der Alkohol seine betäubende Wirkung und bringt für den Anfang tiefen Schlaf, nach einigen Stunden aber Unruhe, Träume, Unterbrechungen, und vor allem fehlt diesem Schlaf die erquickende und belebende Wirkung. Die Alkoholfreunde machen gewöhnlich auch die Erfahrung, daß für die „Bettschwere" mit der Zeit immer größere Alkoholmengen erforderlich sind, und schließlich pflegen auch diese zu versagen. Unter den Schlaflosen, die ich beraten habe, waren denn auch verhältnismäßig viele, die aus Gewohnheit oder zur Unterstützung ihres Schlafes längere Zeit hindurch Alkohol in erheblichen Mengen zu sich genommen hatten. In dieser Richtung ließ sich auch zwischen Bier und Wein kein Unterschied finden. Um gerecht zu sein, soll zugegeben werden, daß gelegentlich, z. B. nach Überanstrengung, nach Aufregungen und dergleichen, die stimmungverbessernde Wirkung des Alkohols bei mäßiger Menge beruhigen und dadurch den Schlaf befördern kann. Immer aber sollte diese Anwendung zu den Ausnahmen gehören. Auch wenn man den Alkohol als Genußmittel in mäßigen Grenzen zuläßt, muß man ihn als Schlafmittel mit der größten Vorsicht behandeln.

Zur Beschäftigung nach dem Abendessen eignet sich alles, was bei körperlicher Ruhe den Geist anregt, ohne aufzuregen. Ein einfacher Spaziergang, zumal in der heißen Zeit, wo der Tag weniger gute Gelegenheit dazu bietet, kann auch dazu gerechnet werden, im allgemeinen aber ist körperliche Ruhe vorzuziehen. Jedenfalls sind Turnen und gymnastische Übungen in den beiden Stunden vor dem Schlafengehen zu vermeiden. Entgegengesetzte Meinungen, die man hier und da hört, beruhen auf Suggestion. Der Schlaflose ist geneigt, überall nach Rat und Hilfe zu suchen, und bekommt daher neben guten auch sehr viel schlechte Ratschläge. Werden letztere mit der nötigen Überzeugungstreue vorgetragen, so kann ihre Befolgung vorübergehend nützen. Für die allgemeine Belehrung sind sie jedoch ganz ungeeignet. Das muß festgehalten werden.

Allgemein günstig wirken: angenehme gesellige Unterhaltung, nicht aufregender Lesestoff — dabei pflegen Vorlesen und Vorlesenhören mehr zu ermüden als Alleinlesen —, Spiele wie Halma, Salta, Domino, Kartenspiele usw., wenn sie ohne Leidenschaft betrieben werden, das Legen von Patiencen, das Hören von beruhigender Musik, leichte Handarbeiten u. a. m. Aber alle diese Dinge sollen nicht zu lange ausgedehnt werden, weil sie dann zu sehr ermüden und langweilen. Es muß so abgepaßt werden, daß die Neigung zum Schlaf einigermaßen mit der festgesetzten Stunde des Zubettgehens zusammentrifft. Wird man vorher müde, so bedarf es zum Auskleiden usw. eines besonderen geistigen Anstoßes, der die Schläfrigkeit unterbricht, und das ist natürlich nicht gut. Je genauer die größte Schläfrigkeit mit dem Zeitpunkt des Insbettkommens zusammentrifft, um so günstiger ist es für den Schlaf.

Aus denselben Gründen ist eine besonders umständliche Zurüstung für die Nacht unzweckmäßig. Am richtigsten ist es, die Kleider einfach abzulegen, nur das Gesicht, die Zähne und die Hände zu reinigen und gleich ins Bett zu gehen. Größere Waschungen, namentlich solche mit kaltem oder kühlem Wasser, verscheuchen den Schlaf. Umständliche Vorbereitungen, auch zu langsame Vornahme der nötigen Leistungen, wirken ebenso unvorteilhaft. Alles, was besondere Umständlichkeit erfordert, das Aufräumen, Zusammensuchen usw., muß auf den Morgen verschoben werden. Man muß sich erinnern, daß der Ermüdete am liebsten ganz wie er ist ins Bett sinken möchte; alles, was sich dazwischen einschiebt, ist vom Übel.

Man hat darüber gestritten, ob den an Schlaflosigkeit Leidenden der geschlechtliche Verkehr zu Beginn der Nachtruhe zu gestatten, zu empfehlen oder zu verbieten sei. Diese Frage ist nicht allgemein, sondern nur für den einzelnen Fall zu beantworten. Schlaflose, die sehr erregt und nervös sind, werden sich besser zurückhalten; sie sind vor der Nacht fast immer unruhig und von Besorgnis um ihren Schlaf erfüllt, und deshalb pflegt ihre sexuelle Befriedigung mangelhaft zu sein oder ganz auszubleiben — jedenfalls keine günstige Vorbedingung für den Schlaf. Wo dagegen der Geschlechtsgenuß wirkliche Befriedigung bringt, ist gewöhnlich die nachfolgende angenehme Erschlaffung eine gute Einleitung für den Schlaf. Doch fehlt es auch hier nicht an Ausnahmen, wo eine länger anhaltende Aufregung die nötige Ruhe fernhält. In jedem Falle ist das Übermaß zu scheuen.

Vor dem Insbettgehen muß die Blase möglichst entleert werden, der Darm nur dann, wenn ein Bedürfnis dazu drängt. Besteht Verstopfung, so sollte dafür morgens oder spätestens am frühen Nachmittag das Nötige getan werden. Nur ausnahmsweise kann abends durch schnellwirkende Mittel, ein Klistier von Glyzerin oder einen kleinen Einlauf von kaltem Wasser, einer vorhandenen Belästigung oder Besorgnis abgeholfen werden.

Neben diesen persönlichen Regeln fordern die der **Hygiene des Schlafzimmers** sorgfältige Beobachtung.

Das Schlafzimmer soll möglichst dunkel sein. Es empfiehlt sich, schon in der Kindheit die Zeiten des Wachens und des Schlafens durch deutlichen Unterschied von hell und dunkel zu kennzeichnen, um die Vorstellungen entsprechend zu verknüpfen, besonders um die Begriffe dunkel und Schlaf eng zu vereinigen. Wo im Schlafzimmer undurchsichtige Läden fehlen, ist durch lichtdichte Vorhänge die Helligkeit hinreichend auszuschließen. Zuweilen findet man bei Erwachsenen als Rest kindlicher Angstzustände die Gewohnheit, nur in mäßig erhelltem Zimmer zu schlafen; in solchen Fällen ist gegen ein einfaches Nachtlicht nichts einzuwenden. Seine Helligkeit ist so gering, daß man keine Reizung des Gesichtssinnes davon zu befürchten hat. Trotzdem sollte man Kinder mit der nötigen Vorsicht daran gewöhnen, ganz im Dunkeln zu schlafen. Im allgemeinen verrät sich durch den Wunsch nach einem Nachtlicht oder nach einem nur wenig verdunkelten Zimmer eine gewisse Ängstlichkeit, die Befürchtung, bei nächtlichem Erwachen nicht gleich sehen, kein Licht machen zu können usw. Der gemütsruhige Gesunde macht sich keine solchen Sorgen; ihm genügt es, die elektrische Lampe oder die Zündhölzer auf seinem Nachttisch zu wissen. Wo aber trotzdem eine Besorgnis besteht, ist das als nervöse Ängstlichkeit anzusehen, die einer Behandlung bedarf, weil sie ohne das jeden Augenblick auch zu ängstlichen Träumen und zu unruhigem Schlaf führen kann, auch wenn ein Nachtlicht im Zimmer glimmt.

Das Schlafzimmer soll außerdem r u h i g sein. Man sucht das zum Teil durch die Lage des Zimmers zu erreichen, die Störungen aus demselben Stockwerk, sowie von oben und von unten soviel wie möglich ausschließt. Im übrigen bemüht man sich, durch Doppeltüren und Doppelfenster, im Notfall auch durch zwei Scheiben in einem Fensterrahmen, am besten von dickem Spiegelglas, Geräusche abzusperren oder zu vermindern. Wo das nicht zu erreichen ist, bedient man sich wohl des Hilfsmittels, die Gehörgänge zu verstopfen, mit Watte, mit wachsgetränkter Watte, mit Gummihütchen, mit metallenen Antiphonen usw. Den meisten Menschen sind diese Mittel nicht angenehm, weil sie zugleich das Gehör gegen die Laute verschließen, die man hören will, z. B. gegen das Wecken oder gegen irgendwelche Vorgänge im Hause, wogegen man nicht taub sein möchte.

In einem gewissen Widerspruch gegen die Forderung der Dunkelheit und Stille stehen die Bestrebungen, das Schlafzimmer mit möglichst frischer Luft zu versehen. Fast nirgends läßt sich bei offenen Fenstern wirkliche Stille erzielen, und in der helleren Jahreszeit leidet auch die Verdunklung des Zimmers darunter. Aus diesen Gründen muß meines Erachtens für die Mehrzahl der Fälle das Schlafen bei offenem Fenster entfallen. Es erscheint auch in der kalten Jahreszeit nicht gerade zweckmäßig. Zunächst gibt es eine große Anzahl von Menschen, die ein kaltes Schlafzimmer nur dann ertragen können, wenn sie übermäßig fest zugedeckt sind; sie liegen dann gewissermaßen in einer Dunsthülle und haben von der kalten Luft nur den Genuß der Einatmung. Dagegen kann man sich im mäßig warmen Zimmer, das im Winter etwa 15° C hat, so leicht bedecken, daß die Haut nicht feucht wird, wohl aber nach Kräften am Luftwechsel teilnehmen kann, also auch während der Nacht eine Art Luftbad nimmt. In stark abgekühlten Schlafzimmern schlägt sich die Feuchtigkeit des Raumes und der Ausatmung und Ausdünstung, einschließlich der daran haftenden Riechstoffe, an den Mauern nieder und gibt dem Raum einen schwer zu beseitigenden unangenehmen Geruch. Dieser kennzeichnet ebenso die Zimmer, wo nachts die Fenster offen bleiben, wie die, wo tagsüber die Fenster im Winter offen stehen. Nach sorgfältigen Beobachtungen bleibt die Luft in solchen Schlafzimmern am reinsten, wo bei kaltem Wetter immer nur bis zu völliger Lufterneuerung (bei Frostwetter einige Minuten lang) gelüftet wird. Voraussetzung ist dabei, daß im Schlafzimmer keine luftverderbenden Gegenstände sind, wie schmutzige Wäsche, alte oder feuchte Kleider, staubige Möbel und Vorhänge und dergleichen mehr. Werden außerdem die Betten und die Nachtkleider sauber gehalten, so genügt es für ein hinreichend großes Schlafzimmer, wenn vor der Benutzung die Luft rein ist. Bei ungenügender Größe des Zimmers ist es nötig, die Tür nach einem Nebenzimmer offen zu lassen. Dagegen kann man, solange die Außenwärme über 15° C ist, bei offenem Fenster schlafen, falls die Ruhe dabei gewahrt wird. Der Fanatismus des offenen Fensters bei jeder Witterung und unter allen Ruheverhältnissen ist ganz unberechtigt.

Für kälteempfindliche Menschen kann es unbedingt nötig sein, daß das Zimmer mindestens 15° C warm ist und außerdem noch das Bett ein wenig angewärmt ist. Es gibt namentlich unter den Frauen eine Gruppe zarter Personen, die auf ein kaltes Zimmer oder ein kaltes Bett mit der Bildung einer sogenannten Gänsehaut antworten, mit einem Blutgefäßkrampf der Haut, der die Haut nicht mehr warm werden läßt und dadurch auch die Erwärmung des kalten Bettes verhindert. Sie brauchen unter Umständen Stunden, um einigermaßen warm zu werden, und bleiben durch den Kältereiz mindestens ebensolange schlaflos. Für solche Fälle kann sich auch der Rat bewähren, das Bett vor dem Schlafengehen auf 40—45° C zu erwärmen.

Das Bett muß vor allem eine bequeme Lagerfläche bieten, mit glattem Leinenbezug und mit sanft erhöhtem

Kopflager. Es ist Geschmacksache, ob man ein Keilkissen oder die namentlich für Seitenlage sehr bequeme Kopfrolle vorzieht. Zur Bedeckung erscheint eine Daunendecke am besten, weil sie leichter ist als Wolldecken, im Sommer nicht so sehr wärmt und im Winter vorzüglich gegen Abkühlung schützt. Aber auch hier entscheidet wesentlich die Gewohnheit. Wo Decken nicht ausreichen, ist ein leichtes Federbett zu empfehlen. Schwere Federbetten führen ziemlich sicher zu übermäßiger Erwärmung der Haut und oft zum Schwitzen. Besonders wichtig ist es bei Kindern, daß sie weder zu warm noch zu kühl im Bett liegen. Wärmeverluste verringern die Schlaftiefe bei Kindern sehr erheblich; auch hierin wirkt übermäßiges Abhärtungsbestreben schädlich.

Viel ist über die Körperlage im Bett gestritten worden. Tatsache ist, daß der Gesunde gleich gut schläft, ob er auf dem Rücken oder auf der linken oder auf der rechten Seite liegt. Die sexuelle erregende Wirkung der Rückenlage ist eine Fabel, die durch ihre häufige Auffrischung nicht gültiger wird. Ebenso unrichtig ist es, von der linken Seitenlage einen Druck auf das Herz anzunehmen; die Brustwand ist fest genug, um das Herz davor zu schützen. Ich habe in zahlreichen Fällen Patienten durch den Versuch überzeugt, daß sie, wenn sonst alles in Ordnung ist, in jeder Lage gleich gut schlafen können. Je mehr Sorgen man sich in dieser Beziehung macht, um so wahrscheinlicher werden Störungen des Schlafes. Bei Kindern kann man sich am leichtesten überzeugen, daß die verschiedensten Stellungen mit tiefem Schlaf sehr gut vereinbar sind. Läßt sich die Verdunkelung des Schlafzimmers (wie z. B. bei vorübergehendem Aufenthalt in fremdem Hause) nicht durchführen, so liegt man jedenfalls am besten so, daß das Gesicht vom Licht abgewendet ist.

Die bisher besprochenen hygienischen Regeln müssen in jedem Falle von schlechtem Schlaf zuerst berücksichtigt werden, wenn eine Besserung hervorgerufen werden soll. Sie geben wenigstens die Grundlage gesunderer Verhältnisse ab.

Hat der Schlaflose so sein Bett aufgesucht, so soll er sogleich das Licht verlöschen und sich in der ihm bequemsten Weise hinlegen. Fällt ihm nach seiner Erfahrung das Einschlafen schwer, so darf er es vor allem nicht ängstlich erwarten, denn jede Erwartungsanspannung wirkt dem Schlaf entgegen. Es kann daher zweckmäßig sein, daß er die Gedanken zunächst durch Lesen im Bett von der Erwartung des Schlafes ablenkt. Dies Mittel ist im allgemeinen verpönt, und es ist in der Tat zweischneidig. Der früher berechtigte Einwand, daß das Lesen im Bett die Augen verdürbe, trifft bei den heutigen besseren Beleuchtungen nicht mehr ganz zu. Es war ferner angenommen, daß beim Lesen in liegender Stellung eine eigenartige, die Augenmuskeln überanstrengende Richtung der Augen nötig sei; das läßt sich aber leicht vermeiden, würde auch wohl nur bei sehr langem Lesen und vielleicht bei sehr großen, schwer zu haltenden Büchern ins Gewicht fallen. Die gerechten Bedenken liegen vielmehr in der Befürchtung, daß das Lesen leicht zu lange ausgedehnt werden und damit den Schlaf erst recht verscheuchen könnte. Man muß daher in jedem Falle eine äußerste Zeitgrenze feststellen. Wenn in einer halben Stunde durch Lesen keine Schlaffähigkeit eingetreten ist, so ist das Mittel überhaupt nicht für den vorliegenden Fall geeignet, oder der gewählte Stoff war nicht zweckmäßig. Die Kunst ist, ein Buch zu finden, das die Gedanken während des Lesens fesselt, aber keine besondere Anregung gibt und nach einiger Zeit mit Befriedigung aus der Hand gelegt wird. Besonders eignen sich dazu für die meisten Menschen kürzere Geschichten oder Dichtungen, namentlich solche, die schon bekannt sind und deshalb ohne Spannung gelesen werden. Auch klassische Werke, humoristische Bücher wie die von Reuter, Wilhelm Busch, Jerome u. a. werden gern zur Beruhigung und Einschläferung benutzt. Etwas Bestimmtes läßt sich aber kaum sagen, da nur die Neigung des Einzelnen entscheidet.

In Fällen von ausgesprochener Schlaflosigkeit sieht man vom Lesen gewöhnlich keinen großen Nutzen, weil gleichgültiger Stoff die Gedanken zu wenig ablenkt, fesselnder Stoff dagegen keine Ruhe herbeiführt. Hier helfen am besten gewisse geistige Arbeiten, die durch ihre Gleichförmigkeit ermüden. Ein sehr bekanntes Hilfsmittel ist das Zählen, in der Weise, daß man sich die Zahlen der Reihe nach geschrieben vorstellt, gewissermaßen so, als ob sie groß und langsam mit Kreide an eine Tafel geschrieben würden; dabei muß gleichmäßig tief geatmet werden. Andere kommen am leichtesten zu ruhiger Müdigkeit, wenn sie geographische Namen zu den Buchstaben des Alphabets sammeln, z. B. je zwölf Namen, die mit A, dann zwölf, die mit B anfangen usw. Man kann natürlich ebensogut geschichtliche Namen, Familiennamen, Vornamen usw. suchen. Wo keine besondere Aufregung, keine Angst vor der Schlaflosigkeit und dergleichen vorliegen, kommt man im ganzen am weitesten mit der Vorschrift, daß der bequem im Bett Liegende sich möglichst in die Vorstellung des Einschlafens vertieft, sich immer wieder vorsagt: ich schlafe ein, und alle anderen Gedanken wegzuschieben sucht. Man kann solche Übungen auch unter Tage vornehmen lassen: der Betreffende setzt sich in bequemer Haltung auf einen

Stuhl, schließt die Augen und bemüht sich, körperlich und geistig vollkommen ruhig zu sein, jede Bewegung zu unterdrücken, nur an irgendeinen bestimmten einfachen körperlichen Gegenstand zu denken und alle Vorstellungen fallen zu lassen. Eine derartige Willensgymnastik oder Hemmungsgymnastik kann von ausgezeichneter Wirkung sein. Sie befähigt auch dazu, daß man unangenehme Empfindungen im Körper, wie sie bei ausbleibendem Schlaf so leicht eintreten, vernachlässigen lernt und dadurch unerheblich macht. Auf diese Weise wirkt sie überhaupt der Nervosität, der Hauptursache der Schlaflosigkeit, entschieden entgegen.

Zur Bekämpfung der anfänglichen Unruhe ebenso wie der bei Unterbrechung des Schlafes auftretenden Munterkeit sind verschiedene harmlose Mittel in allgemeinem Gebrauch, so der Genuß von Zitronenlimonade, von Brausepulver u. a. m. Dagegen ist nicht viel einzuwenden, doch muß dann dafür gesorgt werden, daß sie für den Fall des Gebrauches schon bereitstehen und nicht erst herbeigeholt oder zubereitet werden müssen. Denn durch die dazu nötigen Bewegungen wird der Schlaf allzu leicht noch mehr verscheucht. Während der Nacht sollte für den Gebrauch solcher Mittel nicht erst Licht gemacht werden, sondern sie müssen in Griffweite auf dem Nachttisch stehen. Bei Unterbrechung des Schlafes sollte man überhaupt darauf verzichten, denn was diese Mittel leisten, kann auch durch den bloßen Vorsatz der Ruhe erreicht werden. Die Aufnahme von Nahrung während der Nacht ist grundsätzlich zu verbieten; sie ist unnötig, wenn abends genug gegessen wurde, sie gewöhnt den Magen an ein unzeitiges Nahrungsverlangen und wird dadurch leicht zur Quelle hartnäckiger Schlafstörungen. Ganz verfehlt ist es aber, wenn dazu noch umständliche Vorbereitungen in der Nacht vorgenommen werden; die Unterbrechung des Schlafes wird dadurch nur tiefer.

Hält man besondere Mittel für nötig, um das Einschlafen herbeizuführen oder den Schlaf zu verbessern, so sind sie rechtzeitig vorher anzuwenden und nicht erst, wenn schon die Unruhe und die Befürchtung des Nichtschlafenkönnens eingetreten sind. Unter dieser Voraussetzung sieht man gute Wirkungen z. B. von nassen Umschlägen um den Leib: ein Handtuch in recht kaltes Wasser getaucht, ausgerungen und von hinten her rings um den Leib gelegt, so daß die Enden vorn übereinander schlagen, darüber ebenso ein etwas größeres trockenes Flanelltuch, ziemlich fest angelegt und mit Sicherheitsnadeln befestigt. Derartige Umschläge mit lauem Wasser oder mit zwischenliegendem wasserdichten Stoff sind unzweckmäßig, weil sie entweder Frösteln oder Hitzegefühl erregen. Ein gut angelegter nasser Umschlag wird gewöhnlich während der ganzen Nacht gern behalten, andernfalls kann man ihn ohne Umstände ablegen.

Ein anderes gutes Vorbereitungsmittel ist für viele Menschen ein halbstündiges Bad von 33° C, wonach man sich sanft abtrocknet und gleich ins Bett geht. Wärmere oder kältere Bäder wirken anregend und dadurch schlafwidrig; ein Zugießen von warmem Wasser während der angegebenen Dauer ist unnötig. Wichtig ist, daß das Badezimmer eine Wärme zwischen 15 und 18° C hat; auf keinen Fall darf es wärmer sein. Nur vereinzelt wird dasselbe Bad vor dem Nachtessen als wirksamer angegeben.

Ein kräftigeres Beruhigungsmittel, das allerdings nicht allen Menschen zusagt, ist die nasse Einpackung. Man legt auf das Bett zunächst eine große Flanelldecke ausgebreitet, darüber ein in Wasser von 20° C getauchtes

Laken; dann legt sich der Patient darauf, und nun schlägt man erst das nasse Laken ziemlich fest um den Körper und dann das Flanell. Nur der Kopf bleibt frei, die Arme werden mit eingewickelt. Manche ertragen die Einpackung nur dann gut, wenn die Arme frei bleiben, aber die Wirkung wird dadurch gewöhnlich verringert. Nach etwa einer Stunde entfernt man die Einpackung, trocknet die Haut sanft ab und überläßt den Patienten dem Schlaf.

Die vorgenannten Mittel, einschließlich einer sorgfältigen Durchführung der angegebenen hygienischen Vorschriften, sollten in jedem Falle von Schlaflosigkeit angewendet werden, auch wenn sie allein nicht ausreichen sollten. Die Kranken meinen fast immer, schon alles versucht zu haben, und ihr Wunsch an den Arzt geht meistens dahin, ein neues, unfehlbares Schlafmittel zu bekommen. Die Verordnung solcher Mittel ohne die richtige Vorbereitung ist ein Unrecht. Der Schaden für den Kranken liegt nicht einmal am meisten in der chemischen Schädlichkeit, in der Giftwirkung des Mittels, die bei sachverständigem Vorgehen vermieden werden kann, als in der psychischen Schädigung, die dem Kranken daraus erwächst, daß er zu einer natürlichen Fähigkeit, zum Schlaf, unnatürliche Mittel nötig hat. Aus diesem Grunde ist es auch durchaus falsch, den Kranken, wie das öfters geschieht, mit unwirksamen Mitteln anzuführen, ihm z. B. doppelkohlensaures Natron unter der Bezeichnung eines Schlafmittels zu verabreichen. Es kommt alles darauf an, daß der Kranke wieder das Vertrauen gewinnt, von selbst, durch eigene Ruhe, einschlafen zu können; statt dessen würde man ihn, der nach Meinung des Arztes auch ohne künstliches Mittel schlafen kann, zu der Ansicht bringen, daß er eines

Schlafmittels bedürfe — also genau das Gegenteil des wirklich Erforderlichen. Da würde es noch besser sein, wenn man ihm unter der Bezeichnung Brausepulver ein wirkliches Schlafmittel gäbe, um ihn zu der Meinung zu bringen, daß er nur ein harmloses Mittel wie Brausepulver nötig hat. Ein erfahrener Arzt wird überhaupt nicht zu Täuschungen greifen, weil jede Abweichung von der Wahrheit bald ans Licht kommen und mit Recht das Vertrauen zum Arzte zerstören würde.

Die geringsten Bedenken gegen Schlafmittel sind in solchen Fällen berechtigt, wo nach einer körperlichen Erkrankung oder nach Überanstrengung oder schweren Gemütsbewegungen vorübergehend die zum Schlaf nötige Ruhe fehlt. Hier kann baldige Herbeiführung ruhigen Schlafes durch geeignete Mittel in wenigen Tagen zu völliger Gesundung und zur Wiederkehr des natürlichen Schlafes führen. So ist unter Umständen das Schlafmittel ein wirkliches Heilmittel. Für die Fälle von chronischer, lange bestehender Schlaflosigkeit trifft das fast nie zu. Nur ausnahmsweise sieht man hierbei, daß durch einige gute Nächte das Vertrauen zur Schlaffähigkeit wieder gewonnen wird und damit das Leiden beseitigt ist. Im allgemeinen sind das die Fälle, wo hauptsächlich unzweckmäßiges Verhalten, unrichtige Tages- und Arbeitseinteilung und dergleichen die Schlaflosigkeit unterhielten, wo man also durch hygienische Maßregeln ebenfalls den Erfolg erreichen würde, wenn auch nicht so bald. Die gute Wirkung des Schlafmittels kann in solchen Fällen sehr dazu beitragen, daß der Leidende die gesundheitlichen Vorschriften wirklich beibehält. Er würde oft nicht die Geduld haben, ihre erst allmählich eintretende Wirkung abzuwarten. Also auch hier können die Schlafmittel eine Heilung unterstützen. In allen anderen Fällen sind sie ein Linderungsmittel, das höchstens so lange hilft, wie es genommen wird, in den meisten Fällen aber allmählich an Wirksamkeit verliert und daher gern zu übermäßigen Gaben gesteigert wird, die auch körperlich schaden können. Es muß deshalb dringend davor gewarnt werden, sich in solchen verschleppten Fällen nur auf Schlafmittel zu verlassen. Fast immer handelt es sich hier, neben Verkehrtheiten der Lebensweise, um erhebliche Grade von Nervosität in verschiedenen Formen. Eine Heilung der Schlaflosigkeit ist dabei nur durch eine Heilung der Nervosität zu erreichen, und diese ist um so dringender geboten, weil meist die Schlaflosigkeit nicht ihr einziges Zeichen ist, sondern noch mannigfache andere Beschwerden vorliegen. Auch eine leichte Nervosität beeinträchtigt den Lebensgenuß erheblich; schon die mittleren Grade können dem Kranken und seiner Umgebung schwere Leiden verursachen, die Leistungsfähigkeit untergraben und das Lebensglück vernichten. Daher besteht die dringende Notwendigkeit, solchem Leiden beizeiten entgegenzutreten und alle Mittel anzusetzen, um es ganz zu beseitigen, nicht nur einzelne Zeichen wie die Schlaflosigkeit zu bekämpfen. Wegen der Behandlung der Krankheit muß ich auf meine „Psychoneurosen" (Leipzig, Veit & Comp., 1911) verweisen.

Nur unter Berücksichtigung dieser Ausführungen kann die nachfolgende Beurteilung der chemischen Schlafmittel nutzbringend sein. Ziemlich dasselbe gilt für einige andere Mittel, die den verlorenen Schlaf wiederbringen können, wenn sie vom Sachverständigen angewendet werden; ich nenne nur die in geeigneten Fällen überraschend wirksame hypnotische Behandlung. Gleich anderen Ärzten habe ich, bei richtiger Auswahl der Fälle, vortreffliche Erfolge damit erzielt, unter ausschließlicher Verwendung des neueren Verfahrens, das auf eine eigentliche Einschläferung des Kranken völlig verzichtet.

Wo der Schlaf durch eine leichte geistige oder körperliche Unruhe ferngehalten wird, verordnet man mit gutem Erfolge die verschiedenen Baldrianmittel, die durchaus harmlos sind. Man gibt entweder Baldriantee, kalt, oder die einfachen Baldriantropfen, 20—50 auf einmal, oder Valyl, Bornyval oder Gynoval in den fabrikmäßigen Kapseln oder Perlen, 1—2—3 abends. Bei körperlicher Unruhe wirken oft sehr gut Bromnatrium, 0,5—1,0—2,0, oft am besten eine Gabe etwa um 6 Uhr nachmittags, eine zweite vor dem Schlafengehen, und zwar mehrere Tage hintereinander, in Wasser gelöst, oder auch Aspirin 0,5 oder Pyramidon 0,3. Man sollte in jedem Falle zunächst von diesen Mitteln Gebrauch machen. Eine deutlichere beruhigende Wirkung haben zwei andere, ebenfalls harmlose Mittel, Bromural und Adalin. Das Bromural, seiner Zusammensetzung nach a-bromisovalerylharnstoff, ist in Tabletten zu 0,3 im Handel, wovon man abends 2—3 gibt; die Wirkung ist beruhigend, aber nicht einschläfernd, und Nebenwirkungen kommen nicht vor. Das Adalin steht dem Bromural chemisch nahe, es ist Bromdiäthylacetylharnstoff. Die Originalpackung des Handels besteht in Glasröhrchen mit 10 Tabletten zu 0,5. Man gibt davon vor dem Einschlafen 1—2 Tabletten. Die Wirkung tritt schneller ein, wenn man heißes Wasser oder schwachen heißen Tee nachtrinken läßt. Das Adalin wirkt sicherer als das Bromural und zeichnet sich ebenfalls durch das völlige Fehlen von Nebenwirkungen aus; der dadurch herbeigeführte Schlaf ist durchaus ruhig und dem normalen Schlaf gleich, und nach dem Erwachen besteht das Gefühl von Erquickung und Frische wie nach einem gesunden Schlaf. Bromural und Adalin sind besonders wertvoll für die zahlreichen Fälle, wo vor dem Einschlafen eine gewisse Aufregung, Gedankenunruhe oder körperliche Unruhe bestehen, wie das bei zahllosen zarteren Menschen nach lebhafter Unterhaltung, nach anregendem Theater oder Konzert usw., nach lebhaften Freuden- oder Ärgergefühlen usw. eintritt. Während diese Zustände sonst gewöhnlich für Stunden das Einschlafen verhindern oder doch den Schlaf für längere Zeit oberflächlich machen und mit unruhigen Träumen erfüllen, bringt die Arznei hier die Erregung binnen kurzem zum Schwinden und sichert dadurch einen ruhigen Schlaf. Irgendwelche Nachteile sind weder von Bromural noch von Adalin zu erwarten, es sei denn, daß man darüber versäumte, die vorhandene Nervosität durch richtige Behandlung zu beseitigen.

Auf einer anderen Stufe stehen die eigentlichen Schlafmittel. Sie wirken in der Weise, daß sie eine Betäubung hervorrufen, die dem natürlichen Schlafe ähnlich ist und in ihn übergeht. Diese Bestimmung ihrer Wirkung läßt schon erkennen, daß man sich solcher Mittel nur im Notfall bedienen sollte. Es wäre übertrieben, wollte man ihnen eine direkte Schädlichkeit in dem Sinne zuschreiben, daß auch der vorübergehende Gebrauch eine erhebliche Störung der Gesundheit herbeiführen müßte. Aber der Eingriff ist immerhin so gewaltsam, daß man ihn ebensowenig ohne besonderen Grund vornehmen sollte wie z. B. die Chloroformbetäubung bei Operationen, die man mit Recht auf das Nötige einzuschränken und durch leichtere Eingriffe zu ersetzen bemüht ist. Der Laie geht diesen Erwägungen nicht gern nach; er begnügt sich mit der Frage, ob das Mittel eine bestimmte Gefahr in sich schließt, und wenn das verneint wird, ist er zufrieden und nimmt es ruhig ein. Demgegenüber muß nachdrücklich betont werden, eine wie große Verantwortung man übernimmt, indem man eine natürliche, jedem Menschen von vornherein eigene Verrichtung wie den Schlaf nunmehr künstlich herbeiführt, nicht auf die natürliche Weise, indem unter allgemeiner Beruhigung die Vorstellung des Schlafes herrschend wird, sondern in der gewaltsamen Art einer chemischen Betäubung. Daraus ergibt sich zugleich, daß der Kranke bei dieser Behandlung seinem eigentlichen Ziel durchaus nicht näher kommt: er wird nicht auf den Weg geführt, wo er wieder lernen kann, durch eigene Ruhe zum Schlaf zu kommen, sondern man bringt ihn auf einem ganz anderen Wege dahin und entwöhnt ihn vollends des eigenen Gehens. Man sieht, gerade für die häufigen Fälle von andauernder Schlaflosigkeit sind die eigentlichen Schlafmittel durchaus verwerflich, weil sie als Hindernis für die Heilung wirken. Ihre beste Bedeutung haben sie für eine vorübergehend nach körperlichen Krankheiten, nach schweren Gemütsbewegungen usw. eingetretene Schlaflosigkeit. Hier ruht sich der Geist in jedem Schlafe von den erlittenen Anstrengungen aus, auch im Betäubungsschlaf, und gewinnt dadurch schnell die selbständige Fähigkeit zum Schlafen wieder. Es ist aber anzunehmen, daß man auch hier vielfach mit dem Adalin auskommen wird.

Besprechen wir nun die einzelnen Schlafmittel, so müssen zuerst einige erwähnt werden, die aus alter Gewohnheit immer noch hier und da verordnet werden obwohl sie als Schlafmittel längst vergessen sein sollten Dazu gehört vor allem das Morphium. Bevor man Schlafmittel und schmerzstillende Mittel anderer Art kannte, war die Verordnung berechtigt; seit mehr als einem Jahrzehnt ist sie es nicht mehr. Sind körperliche Schmerzen die Ursache einer Schlaflosigkeit, so müssen sie kunstgerecht behandelt werden; abgesehen von etwaigen chirurgischen Eingriffen erfordern sie Umschläge verschiedener Art, Bäder oder Verabreichung von Aspirin, Pyramidon und ähnlichen Mitteln; natürlich können hier nicht alle Möglichkeiten aufgezählt werden. Beruhen die Schmerzen auf psychischer Erregung und Unruhe, so werden sie noch besser durch die Baldrianmittel, Brommittel, Bromural und Adalin beeinflußt, oder man verwendet mit großem Nutzen Codein, am besten in den Originaltabletten (KNOLL) zu 0,05, 1—2 in einstündigem Zwischenraum, oder Pantopon, in Originaltabletten (ROCHE) zu 0,01, davon 1—2 auf einmal, nach einer Stunde wiederholt. Beide Mittel sind wirksam und in dieser Verabreichung unschädlich, auch zu etwas längerem Gebrauch geeignet. Das Codein ist neben dem Morphium im Opium enthalten und entbehrt gerade die ungünstigen Nebenwirkungen des Morphiums auf das Nervensystem; das Pantopon enthält sämtliche Alkaloide des Opiums, also auch das Morphium, aber es ist trotzdem an Gefährlichkeit nicht mit dem Morphium zu vergleichen, weil diese erfahrungsgemäß durch die anderen Alkaloide wenigstens zum großen Teil ausgeglichen wird. So besitzt nur das Morphium selbst die gefährliche Eigenschaft, daß der Körper sich so daran gewöhnt, daß bei der Entziehung schweres Unbehagen und körperlicher Verfall eintreten und die Wiederholung der Gabe dringend verlangen. Das ist zugleich der Grund, weshalb das Morphium als Schlafmittel völlig vermieden werden sollte.

Ein zweites Mittel, das als Schlafmittel ausgedient haben sollte, ist das Chloralhydrat. Wir kennen heute so viele Mittel von zuverlässigerer Wirkung und geringeren

Nebenwirkungen, daß wir das Chloralhydrat getrost für besondere Zwecke zurückstellen können.

Bewährte Schlafmittel von erwiesener Unschädlichkeit sind Paraldehyd und Dormiol. Das Paraldehyd hat den Nachteil eines eigenartigen, ziemlich auffallenden Geruches, der sich am nächsten Tage in der Ausatmungsluft geltend macht, und wird deswegen nicht überall anwendbar sein. Man gibt davon einen halben bis einen Teelöffel voll in einem Glase Himbeerlimonade verrührt; die Pharmakopöe schreibt als „größte Gabe" 5,0! 10,0! vor. Das Dormiol, chemisch ein Amylenchloral, schmeckt etwas scharf, man verabreicht es daher am besten in den fabrikmäßigen Kapseln zu 0,5 und gibt davon 2, 3 und mehr mit Nachtrinken von Wasser. Für die flüssige Verabreichung besteht eine besondere Handelsform, das Dormiolum solutum 1 : 1, wovon 2,0 und 3,0 den eben genannten Gaben entsprechen. Diesen beiden Mitteln reiht sich das Amylenhydrat an, das ebenfalls ziemlich sicher wirkt und keine besonderen Nebenwirkungen zeitigt; man gibt davon 2,0—4,0 (dies die größte Einzelgabe der Pharmakopöe), $^1/_2$—1 Teelöffel voll, in einem Glas Himbeerwasser, Bier usw. Ein anderes bewährtes Schlafmittel ist das Isopral, ein Trichlorisopropylalkohol, als unschädlicher Ersatz für Chloralhydrat eingeführt. Man gibt es wegen seines etwas stechenden Geschmackes am liebsten in Dragées (zu 0,25 und 0,5 im Handel) mit Nachtrinken von reichlich Wasser oder in Schleim gelöst, 0,5—0,75—1,0 auf einmal vor dem Schlafengehen; es wirkt ziemlich schnell und gibt keine Nachwirkungen.

Eine andere Gruppe von Schlafmitteln ist die des Sulfonals und Trionals. Das Sulfonal, chemisch ein Diäthylsulfondimethylmethan, wird als Pulver oder in Tabletten zu 1,0—1,5 verordnet, größte Einzelgabe 2,0, größte Tagesgabe 4,0. Die Wirkung ist zuverlässig, tritt aber erst nach Stunden ein und hält dann recht lange an. So eignet sich das Mittel besonders für solche Fälle, wo im ersten Teil der Nacht guter Schlaf vorhanden ist, aber die Morgenstunden schlaflos sind. Bei längerem Gebrauch von Sulfonal kommt es, namentlich wenn die Nierentätigkeit nicht gut ist, zuweilen zu Vergiftung: Abgeschlagenheit, Erbrechen, Lähmungen, Hämatoporphyrinurie (Auftreten von Blutfarbstoff im Urin, durch Auflösen der roten Blutkörperchen). Man darf das Mittel daher nur bei gesunden Nieren und auch dann nur kürzere Zeit und mit Pausen anwenden; außerdem ist es zweckmäßig, am Tage nach der Darreichung eine Flasche Sauerbrunnen und dergleichen trinken zu lassen. Das Trional, Diäthylsulfonmethyläthylmethan, also ein Sulfonal, worin ein Methyl durch Äthyl ersetzt worden ist, wirkt schneller als das Sulfonal und eignet sich daher mehr für die Zustände von erschwertem Einschlafen. Bei mangelhafter Nierentätigkeit und bei stockender Darmentleerung kommt es bei längerem Gebrauch auch hier gelegentlich zu Vergiftung, namentlich zu Hämatoporphyrinurie. Man sorgt daher vor allem für regelmäßige Darmentleerung und für Anregung der Nierentätigkeit durch kohlensaures Wasser usw. Dosis wie bei Sulfonal.

Galten längere Zeit hindurch diese beiden Mittel für die wirksamsten und bei vorsichtigem Vorgehen zugleich unschädlichen Schlafmittel, so sind sie in ihrer Geltung wesentlich eingeschränkt worden, seit die Veronalgruppe bekannt wurde.

Das Veronal, Diäthylbarbitursäure, Diäthylmalonylharnstoff, ist den vorgenannten nicht nur durch die größere Sicherheit der Wirkung, sondern namentlich auch durch das Fehlen von Giftwirkung bei den normalen

Gaben ausgezeichnet. Es hat keinen wahrnehmbaren Einfluß auf den Blutdruck, die Atmung und den Magen, verändert die Blutbeschaffenheit nicht und steigert die Nierentätigkeit ohne Nierenreizung. Man gibt davon 0,5, öfters auch weniger, nur ausnahmsweise mehr, am besten in heißem Tee gelöst oder mit Nachtrinken von heißer Flüssigkeit, wodurch die Wirkung beschleunigt wird und in $^1/_2$ Stunde oder höchstens 1 Stunde eintritt, während sie sonst 2—3 Stunden ausbleiben kann. Der späte Eintritt des Schlafes ist für viele Fälle an sich unerwünscht, außerdem hat er aber leicht die Folge, daß die Wirkung des Schlafmittels in den Vormittag hinein anhält. Entweder schlafen die Betreffenden dann über die günstige Zeit des Aufstehens hinaus und schädigen dadurch die nächste Nacht, wie S. 49 ausgeführt worden ist, oder sie werden in den Vormittagsstunden durch Eingenommenheit des Kopfes und andere Beschwerden belästigt. Man hat geraten, diesen Beschwerden dadurch entgegenzuwirken, daß mit einer etwas kleineren Gabe Veronal zugleich eine Gabe Phenacetin oder dergleichen genommen wird, z. B. statt 0,5 Veronal 0,3 Veronal + 0,3 Phenacetin. Tatsächlich wird durch einen solchen Zusatz die Wirkung des Veronals oft ein wenig verstärkt, und die Störungen am anderen Morgen bleiben aus. Häufig sieht man aber, daß dabei doch eine zu geringe schlafmachende Wirkung hervortritt. Ich konnte bei Versuchen feststellen, daß da, wo die angegebene Mischung wirkte, meist auch das Phenacetin allein genügend half. Eine Gabe von 0,3 Veronal bleibt eben bei vielen Menschen ungefähr wirkungslos. Das Veronal ist in der neuen Ausgabe des Arzneibuchs für das Deutsche Reich als Acidum diaethylbarbituricum mit den größten Gaben 0,75! 1,5! aufgeführt; man bedient sich aber besonders gern der im Handel befindlichen Originaltablettten mit 0,5 Veronal von Bayer oder von Merck, beide in Glasröhrchen zu 10 Stück.

Vor dem Veronal durch schnellere Wirkung ausgezeichnet, aber sonst ohne Vorzüge, und durch die Heißwasserverabreichung für die Mehrzahl der Fälle gut ersetzt ist das Proponal, die Dipropylbarbitursäure oder Diäthylmalonylharnstoff, in Gaben von 0,2—0,3—0,5 gegeben.

Dagegen wurde ein wirklicher Fortschritt erzielt durch das Natriumsalz des Veronals, das als Veronal-Natrium von Merck und von Bayer und als Medinal von Schering im Handel ist, das Mononatriumsalz des Diäthylmalonylharnstoffs. Das Mittel ist im Gegensatz zu dem Veronal leicht in Wasser löslich, kommt schnell zur Wirkung und wird auch schnell wieder ausgeschieden, hinterläßt daher auch selten Nachbeschwerden. Will man einen Unterschied zwischen der Diäthylbarbitursäure und ihrem Natriumsalz aufstellen, so könnte man sagen, daß jene besonders da angezeigt ist, wo die ersten Stunden des Schlafes ziemlich normal, die späteren aber ungenügend sind, während das Natriumsalz (ähnlich wie die Verabreichung des Veronals mit heißem Wasser) besonders für die Fälle mit erschwertem Einschlafen oder zu leichtem Anfangschlaf geeignet sind. Ferner wird man das Natriumsalz besonders gern da geben, wo Nachwirkungen in den Vormittagstunden auftreten oder wo das pünktliche Aufstehen durch Schläfrigkeit erschwert wird.

Als Schlafmittel von besonderem Wert hat sich mir das Kodeonal erwiesen, eine Mischung von 12 Teilen Codeinum diaethylbarbituricum und 100 Teilen Natrium diaethylbarbituricum. Die Chemische Fabrik von Knoll & Co. bringt es in Tabletten in den Handel, die 0,17 Kodeonal, d. h. 0,02 Codeinum diaethylbarbituricum und 0,15 Natrium diaethylbarbituricum enthalten. Die Herstellung des Mittels ging von dem Gedanken aus, daß Kombinationen narkotischer Mittel aus chemisch nicht verwandten Gruppen imstande sind, die Wirkung ihrer einzelnen Bestandteile nicht nur zu addieren, sondern zu potenzieren. EHRLICH erklärt diese Verstärkung dadurch, daß die zunächst durch ein Narkotikum in ihrer Aktivität herabgesetzte Zelle des Zentralnervensystems der Einwirkung eines zweiten um so weniger Widerstand entgegensetze. Ob diese Erklärung hier zutrifft, muß dahingestellt bleiben. Meine Versuche ergaben, daß anscheinend die im Kodeonal vorhandene Mischung von 0,04 Codeinum diaethylbarbituricum mit 0,3 Veronalnatrium stärker wirkt, als wenn man 0,04 Codeinum phosphoricum mit 0,3 Veronalnatrium zusammen gibt. Es ist nicht anzunehmen, daß Codeinum diaethylbarbituricum an sich stärker schlafmachend wirke als Codeinum phosphoricum; also scheint die Verbindung beider Salze besonders wirksam zu sein. Eine endgültige Entscheidung darüber läßt sich jedenfalls noch nicht treffen; dazu sind die Verhältnisse bei der Schlaflosigkeit zu schwer zu übersehen. Aber das eine steht fest, daß das Kodeonal, in Gaben von 1—2 Tabletten, ein überaus wirksames Schlafmittel und dabei frei von unangenehmen Nebenwirkungen ist. Gegenüber dem Veronal und dem Veronalnatrium gewährt es den Vorteil, daß man mit einer $^3/_5$ so großen Dosis davon auskommt und nur eine geringe Dosis des harmlosen, den Nerven im ganzen zuträglichen Alkaloids Codein gleichzeitig zuführt.

Fassen wir zum Schluß noch einmal zusammen, was sich über die Arzneibehandlung der Schlaflosigkeit ergeben hat, so wird man zunächst Baldrianmittel, Aspirin oder Pyramidon und Bromsalze heranziehen, auf einer weiteren Stufe Adalin oder Bromural und da, wo dies nicht ausreicht, in erster Linie Veronal, Veronalnatrium und Kodeonal verabreichen. In chronischen und hartnäckigen Fällen bieten sich die übrigen Schlafmittel zur Abwechslung dar. Die Hauptsache muß aber immer sein, durch Wiederherstellung des natürlichen Schlafes solche Notmittel entbehrlich zu machen.

Noch eins ist wichtig zu wissen: üble Nachwirkungen am nächsten Tage können auch darauf beruhen, daß man zu kleine und deshalb unwirksame Gaben verabreicht hatte. Dann vereinigen sich erklärlicherweise die Wirkungen der schlechten Nacht mit Spätwirkungen der Arznei zu einem unangenehmen Bilde. Im allgemeinen bekommt ein Schlafmittel, auch das beste, nur dann gut, wenn es auch den Schlaf gebracht hat.

## Behandlung der Schlaflosigkeit der Kinder.

Die Schlafstörungen im Kindesalter erfordern eine besonders sorgfältige Regelung der hygienischen Verhältnisse. Man kann wohl sagen, daß gesunde Kinder gut schlafen, wenn nicht grobe Fehler gegen die allgemeine Gesundheitspflege begangen werden. Wir verweisen in dieser Beziehung auf S. 58. Ein anderer Grund ist die Angst vor dem Alleinschlafen. Hier erreicht man mit Gewalt und Strenge gar nichts als etwa eine Verschlechterung des allgemeinen Nervenzustandes. Man muß zunächst den Kindern das berechtigte Gefühl der Angst nehmen und sie dadurch wieder ruhig und sicher machen, daß tatsächlich jemand in ihrer Nähe ist, solange sie schlafen. Täuschungen in dieser Richtung wirken oft besonders nachteilig. Der Erfolg einer Sicherung der Kinder ist meist so groß, daß es sich für die Eltern wohl lohnt, dafür auch ein Opfer zu bringen. Dabei ist es besser, wenn jemand im Nebenzimmer ist, als wenn das Kind jemand im Schlafzimmer bei sich hat.

Ist trotzdem das Einschlafen erschwert, z. B. durch Nachwirkung vorher durchgemachter Ängste, so kann es nötig sein, erst besondere Beruhigungsmittel anzuwenden. Sehr wirksam ist eine geeignete suggestive Beeinflussung. Ich habe öfters großen Erfolg von leichter Hypnose gesehen, namentlich auch dann, wenn schlechte Gewohnheiten am Einschlafen hinderten. Man kann aber auch Bromnatrium, 0,5—1,0 in reichlich Wasser, oder Bromural, 1—2 Tabletten, oder Adalin, 0,25—0,5, je nach dem Alter des Kindes, geben. In den ersten beiden Jahren wird man sich jedenfalls auf psychische Einwirkung und längere Bäder von 34° C beschränken.

Bei Pavor nocturnus ist eine sorgfältige ärztliche Untersuchung dringend nötig. Zunächst muß festgestellt werden, ob etwa Epilepsie vorliegt. Ferner kann eine Wucherung der Rachenmandel zu solchen Erscheinungen führen. Endlich bedarf gewöhnlich die Ernährung einer sorgfältigen Regelung, namentlich auch in Hinsicht auf Rhachitis und Blutarmut. Immer aber handelt es sich dabei um eine nervöse Anlage, die je nach ihrer Art behandelt werden muß.

FSC
www.fsc.org
MIX
Papier | Fördert
gute Waldnutzung
FSC® C083411

Zeitfracht Medien GmbH
Ferdinand-Jühlke-Straße 7
99095 Erfurt, Deutschland
produktsicherheit@kolibri360.de